JN173568

ニュータウンの社会史

金子 淳

青弓社

ニュータウンの社会史　目次

第5章 断絶と継承——歴史をつなぐ語りの実践 195

あとがき

装丁——Malpu Design［清水良洋］

まえがき

ニュータウンは、「見られる」存在である。

衰退する郊外都市を象徴する人口減少社会のトップランナーとして、あるいは少子・高齢化と施設の老朽化が進む「オールドタウン」として、ニュータウンは社会の関心を集めている。また過去には、「理想」や「夢」と結び付けて「来(きた)るべき未来社会」を予見する存在として見なされていたこともあった。あるときは小説の題材になり、またあるときは週刊誌の埋め草記事のトピックにもなり、ニュータウンは批評や批判の対象になってきた。

ニュータウンに対して好奇の目を向け、その問題性をあぶり出して批評する人は、外部からニュータウンを一方的に「見る」位置にいる。逆に、ニュータウンを構成する建物やそこに住む人々は、常に「見られる」立場になる。ニュータウンは、「見る／見られる」という不均衡な関係が固定化された場で、一貫して「見られる」存在なのである。

私自身、各地のニュータウンに幾度となく足を運び、観察してきた。写真もたくさん撮ってきた。本書もニュータウンを対象としている。その意味では、一方的に「見る」側の立場にいることは否定できないし、それは甘んじて引き受けるしかない。しかし同時に、その立場であることに、いつも後ろめたさも感じていた。たとえば老朽化が進む団地やマンションを被写体に写真を撮るとき、直接は写り込まないけれどももちろんその建物には人が住んで生活をしている。さびれた商店街の様子を撮ったとしても、その背後にはそこを日常的に利用している人がいる。そうした人々は、外部からやってきた観察者に一方的に見られ、写真を撮られる対象にあることを、どう感じているのだろうか。そのようなことに思いをめぐらせると、カメラを片手にニュータウンを歩くこと自体、とても悪いことのように思えてしまうのだ。

最近は団地ブームでもあるという。高度経済成長期を彩った団地を紹介するガイドブックや写真集が次々と刊行され、団地マニアのサイトも多い。全国各地のこれらの団地を「鑑賞」し、「この団地は○○年式の○○型だ」というような蘊蓄（うんちく）を楽しむ。

もちろん楽しみ方は各人の自由だし、その自由は保障されなければならない。しかし、ただ楽しむためにこれらの対象を眺めていたとしても、その視線の先には、具体的な人が確実に存在し、そこで営まれている日常生活があることは忘れてはならないだろう。自分の視線の先を想像する力こそ必要とされているのはいうまでもないことだ。

実際、これらの団地本のなかにかつて私が住んでいた団地とそっくりな写真を見つけて、ひどく気分が悪くなったことがあった。その本の背後にある、何か物珍しい「異文化」でも見るかのような非対称的な視線を感じたからだと思う。それまで「自文化」の領域に属するものだった「団地」という存在が、ある時点で「自文化」の枠組みからはずれ、自分たちの生活実感から遠く離れた「異文化」に転じたのではないか。こうして「異文化」を見るような目でまなざされ、「新鮮な驚き」や「郷愁」や「鑑賞」の対象となってしまった団地の居住者たちは、その視線をどのように感じるのか。あたかも動物園の檻のなかにいる動物のように、「昭和三十年代の珍しいタイプのＹ字形住棟です」などといった解説とともに好奇の目で見られる当事者の気持ちはどうなるのか。そこには、見る／見られるという関係性が生じるだけでなく、自文化／異文化という領域のせめぎ合いのなかで生じた新たな差別意識も見え隠れする。そしてこれと同じような構造を、ニュータウンに対して投げかけられる視線のなかにも感じてしまうのだ。

ところで、私自身は、東京都の西のはずれにある多摩ニュータウンに居住するニュータウン住民である。したがって、実は「見られる」側でもある。しかし、ニュータウン居住者か否かという区分けはこの際どうでもいい。とにかく私が本書で最も重視したのは、徹頭徹尾、ニュータウンを構成する地域社会の側に軸足を置くということである。計画して開発する側ではなく、社会現象として読み解いたり批評する側でもなく、地域社会の立場にたって、地域の人々がどう考え、どう行動したのか、その具体的な様相をひもとき、記述していくことである。言い方を変えれば、ニュータウンを「異文化」に転化させず、あくまでも「自文化」の延長線上に位置づけることに徹する、といえるかもしれない。冒頭で述べたように、ニュータウンが常に好奇の目にさらされ、一方的に「見られる」対象となっていたことへのささやかな反発でもある。

ニュータウン住民は、決して動物園の檻のなかにいる動物ではないし、ましてや実験室のなかのモルモットでもない（本書第3章を参照）。そこに住む一人ひとりに具体的な生活やその積み重ねがあり、ときには葛藤や悩みなどを抱えながら、地域や家庭を舞台にそれぞれ異なる人生を送っている。その多様な生の営みと真剣に向き合わなければ、決してニュータウンのことはわからないのではないかと思う。
　では、ニュータウンと向き合ってどのような描き方ができるのか。本書はその試行錯誤のなかから生まれたものである。ぜひ、これから本書のページをめくって確認していただければ幸いである。

［付記］
雑誌名・新聞名は一般に『　』（二重カギ括弧）で括ることが多いが、青弓社の表記方法にのっとり「　」（一重カギ括弧）を使っている。また、漢数字表記も、三桁以上の数字は一〇方式ではなく十字方式（例：二千八百九十七ヘクタール）を採用しているが、これも同社の表記方法に基づくものであることをお断りしておく。

第1章　病理と郊外——社会の「鏡」としてのニュータウン

1　なぜ、いまニュータウンか

「ニュータウン」という言葉を聞いて、あなたはどのようなイメージを思い浮かべるだろうか。同じような形の団地群が立ち並ぶ人工的な光景が脳裏に浮かぶかもしれないし、清潔感あふれる均質的なベッドタウンという空間的な特徴を漠然とイメージするかもしれない。あるいは、居住者の少子・高齢化が一気に進行した結果、空き室と空き店舗と廃校だらけになった「オールドタウン」を想起する人も多いだろう。

こうしたイメージの振幅は、日本でニュータウンという存在が時代とともに変化を遂げてきたことと呼応している。高度経済成長期にニュータウンが誕生し、新しいライフスタイルとして「あこがれ」の要素が付加されていた時期と、その後少子・高齢化が急速に進んで対応策に苦慮している時期とでは、当然その評価やイメージも大きく異なる。それだけ日本のニュータウンは、時代とともにその姿を劇的に変化させてきたのである。

現在、各地のニュータウンでとりわけ深刻な問題として指摘されているのが、居住者の高齢化であることは、衆目の一致するところだろう。これは、同時期に同年代層が大量に入居し、かつ定住志向が強かったため、居住人口の中心年齢が固定化されたまま一気に押し上げられていることに起因する。そのほか、少子化に伴う学校の統廃合問題、建物の老朽化・建て替え問題、商店街の衰退など、現在のニュータウンではさまざまな問題が同時並行的に発生している。

このことは、人口の急増に対処するために同質な住宅の大量供給を繰り返してきた結果でもあった。しかし一方では、都市圏の急激な膨張が止まったことにより、住宅政策が人口急増への対応から住宅環境の質の向上へと大きく舵を切る好機となる可能性も指摘されている。そして実際に、こうした問題に対処するべく、たとえばバリアフリーに対応した改築や、地域住民が中心になって立ち上げたNPOによる、団地内商店街の空き店舗などを活用した高齢者向け福祉サービス事業をはじめ、さまざまな対策が検討もしくは実行されている。

これらは、少子・高齢化が進む将来の日本社会で起こりうる多くの課題を〝先取り〟する形で現れたものである。つまりニュータウンは、これからそう遠くない未来に訪れるであろう社会を映し出す「鏡」とでもいえる存在であり、ニュータウンの過去と現在を考えることは、将来の日本社会とその行く末を考えることにもつながるのである。

2　ニュータウンの「病理」

とはいえ、現在のニュータウンの一般的なイメージは、「人工都市」にしても「オールドタウン」にしても、あまりいいものとはいえない。いずれもニュータウンのある側面を言い当てているのは確かだが、憶測や偏見、あるいは誇張に満ちている場合も多い。ニュータウンそのものが、日本社会に根を下ろしてからまだ歴史が浅いために正体不明で奇異な存在として映っているのかもしれないし、そのため社会の歪みや矛盾を見いだしやすいという性質もあるのだろう。

こうしたニュータウンの歪みを象徴するものとして、しばしば「病理」という言葉が使われる。ここでは、「病理」をキーワードにいくつかの言説をたどっていくことにより、どのような文脈のもとでニュータウンという存在が語られるのか確認してみたい。

哲学者の鷲田清一によれば、古い街にあって郊外のニュータウンにないものは、大木、宗教施設、場末(ばすえ)の三つであるという[(1)]。この三つに共通しているのは、いずれも「「別の世界」への想像を駆る都市の隙間」であり、鷲田はこれらの存在をまるごと肯定する。そして、京都の街にはその「隙間」がたっぷりあるとして魅力を見いだす一方で、消費の記号に埋め尽くされてどこにも「隙間」がないニュータウンを、京都と対置する。京都の都市としての奥深さや豊穣さを際立たせるために、薄っぺらさや貧しさの象徴として「郊外のニュータウン」という存在をわざわざ持ち出してきたようにも見える。それほどまでに、ニュータウンは豊かさや奥深さと対極にある存在であり、常に否定的な対象であるのだ。

続けて、この「隙間」のなさゆえに生じる「過剰なまでの合理主義や過度の饒舌、嫉妬心、被害妄想、さらには、つねに厳格で同じ仕方で同じ行為をおこなわないと安心できない常同行為、あるいは幼児性への退行現象[2]」をニュータウンの特徴と断じるが、ここではニュータウンがもつある種の病的な逸脱性が強調される。こうして鷲田は、京都の街との対比によって、ニュータウンの「病理」をあぶり出そうとしているのである。

ニュータウンの「病理」とはいかにも紋切り型ではあるが、この「病理」をいち早く指摘したのは、「けやきの郷事件」に言及した民俗学者・赤坂憲雄だった[3]。けやきの郷事件とは、一九八一年、埼玉県の鳩山ニュータウンで、自閉症者施設けやきの郷・ひかりが丘学園の建設計画が持ち上がると、地元のニュータウン住民による反対運動が起こり、結果的に建設を断念させたという出来事である。このヒステリックなまでの反対運動を通して、赤坂は、ニュータウンという極度に均質化した空間で、自閉症者という「異物」を排除しようとする「全員一致の暴力」を目の当たりにする。そして、都市とは本来「異質なるものを包摂する開かれた場」であるはずにもかかわらず、ニュータウンは、異質なものを吐き出そうとする「嘔吐社会」であると切り捨てるのである。

その後、一九九七年に起こった神戸連続児童殺傷事件（酒鬼薔薇事件）を契機に、ニュータウンが「病理」と明確に関連づけて語られるようになったのはよく知られている。これは、神戸市郊外の須磨ニュータウンを舞台に、自らを「酒鬼薔薇聖斗」と称する当時十四歳の中学生が複数の小学生を殺傷した事件であり、強い暴力性を伴う猟奇的で残忍な殺人事件としてマスメディアでも大きく報道された。特に、「さあゲームの始まりです／愚鈍な警察諸君／ボクを止めてみたまえ」の書き出しで始まる「声明文」が被害者の頭部とともに中学校の正門前に置かれ、新聞社などに「挑戦状」なるものが送付されるなど、異様で奇怪な事件として社会に衝撃をもたらした。

この凄惨な事件の主要な舞台がニュータウンであったことから、犯罪の温床としてのニュータウンに注目が集まることになり、ニュータウン特有の人間関係の希薄さに原因を求める言説が繰り返し登場する。ついには「ニュータウン的な犯罪」を象徴する事件として人々の記憶に刻まれるようになっていくのである。

ところで、この「ニュータウンの病理」については、ニュータウンの多くが立地する「郊外」との相似的な関係を指摘できる。すなわち「郊外」も、ニュータウンと同様の構図のもとで「病理」と関連づけて語られてきたわけである。「現代社会の問題が最も先鋭的に現れる」として郊外の危険性を指摘した三浦展の『ファスト風土化する日本』[4]の副題が「郊外化とその病理」であったことはまさしくその象徴だった。

古くは、一九七四年に起こった狛江の多摩川水害に着想を得て「郊外的家族の崩壊」が描かれたドラマ『岸辺のアルバム』（ＴＢＳ系、一九七七年）あたりからその兆しが見え、その後、悪質な犯罪が郊外と結び付けて語られるようになり、果ては「郊外型犯罪」という一つのジャンルを形成するにいたった。

同じ「病理」を抱えている（とされる）とはいえ、郊外とニュータウンは、厳密に使い分けがなされているとはいいがたい。どちらも都市の周縁部に位置する新興住宅地であることには変わりなく、既存の地域社会とは一線を画した新住民の集住の場であることも共通している。だが、酒鬼薔薇事件で、「郊外の病理」がより先鋭化され、猟奇的で理解不能な犯罪を誘発するものとして「ニュータウンの病理」が語られるようになっていったように、ともすれば「エキセントリックな郊外」がそのまま「ニュータウン的なるもの」と直結するような理解も多く、郊外の奇怪な問題群が顕在化し集約する臨界点として、ニュータウンという存在がイメージされているようだ。

　このように、「病理」をキーワードにしてニュータウンのイメージをたぐり寄せていくと、いわゆる「一般的な社会」とは隔絶されたような特異で奇怪なニュータウン像が浮かび上がってくる。しかし、はたしてニュータウンはそのようないびつで異様な存在なのだろうか。

　ニュータウンのイメージとしてすぐに想起されるような「人工都市」「オールドタウン」あるいは「病理」などのイメージは、いずれも現実のニュータウンという存在の一面を捉えているのは確かではあるが、それだけでは適切とはいえない。

　なるほどニュータウンは、均質的な居住環境を計画的に作り出してきた「計画都市」であり、予測以上の速度で進行する高齢化社会への対応が遅れているためにその問題が顕在化してきている。しかし、それらはニュータウンのうちの一部をすくい取ったにすぎない。それだけニュータウンは、多義的で多面的な存在であるということだ。

　本書は、こうした多面的な存在であるニュータウンを考えていくための補助線を引く試みである。ニュータウンは、単なる人為的な空間でも、また、単なる時代遅れのオールドタウンでもない。もちろん「犯罪の巣窟」としてだけラベリングされるべき対象でもない。では、ニュータウンとはいったいいかなるもので、どのように理解すればいいのか。それを「社会史」という側面から捉え直してみたいというのが本書のねらいである。

3　ニュータウンとは何か

後述するように、ニュータウンは主に郊外に建設されるため、郊外とニュータウンは一種の包含関係にある。したがって、郊外に建設された新興住宅地のなかでも、ある特定の条件を満たすものがニュータウンと呼ばれるようになるが、実際には郊外とニュータウンの合理的な境界線は判然としていない。

では、そもそもニュータウンとはどのような概念なのだろうか。これまで見てきたように、何をもってニュータウンと称するかという概念上のコンセンサスがなく、ある意味で捉えどころがない正体不明の存在として認識されているからこそ、独自の解釈や臆断を容認し、社会の「病理」とも結び付きやすくなったという側面も指摘できるだろう。とはいえ、議論を先に進めていくために、ニュータウンという概念の輪郭を、ここでもう少しはっきりさせておきたい。

田園都市構想からニュータウンへ

確かに、ニュータウンは多義的である。時代、国・地域、文化、制度、経済、政治などの諸要素との関係で、実にさまざまなバリエーションがあり、一義的に規定するのは難しい。たとえば、日本でのニュータウンの原型が、イギリスのエベネザー・ハワードによって提唱された田園都市（ガーデンシティ）構想にあることはよく指摘されるところだろう。

念のために補足しておくと、田園都市構想とは、十九世紀末から二十世紀初頭のイギリスで広まった新しい都市像の構想であり、近代都市計画の嚆矢とも位置づけられている。十九世紀末のロンドンでは、産業革命の余波を受けて、大気汚染やスラム化などの都市問題が深刻化し、生活環境が極度に悪化していた。この状況を憂慮したハワードは、一八九八年、『TO-MORROW：A Peaceful Path to Real Reform（明日——真の改革にいたる平和な道）』を刊行し[5]、周りを農業地帯が取り囲むような人口三万人から五万人規模の都市を、郊外に計画的に建設することを提唱した。これが田園都市構想である。

この構想の最大の特徴は、都市問題を資本主義の矛盾と捉え、田園都市を社会変革の手段として位置づけていた点にある。その意味で、十九世紀の社会主義思想やユートピア思想の流れを受け継ぐものでもあった。

ハワードは、都市を否定するのではなく、都市と農村の双方の長所を兼ね備えた職住近接型の都市像を提示した。そのことを「都市と農村の結婚」と表現し、都市と農村の諸機能がバランスよく

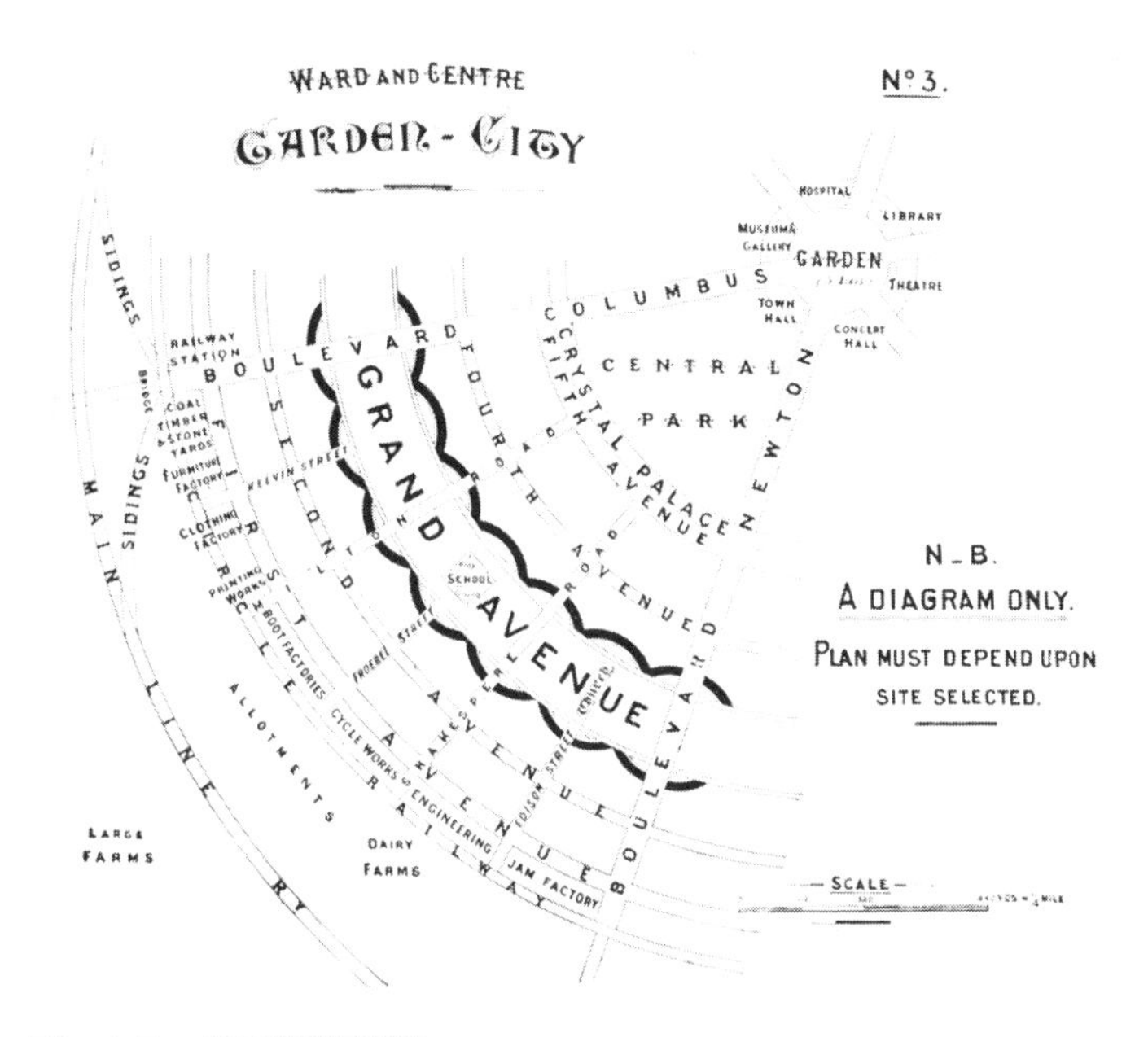

図1　ハワードの田園都市構想
(出典：エベネザー・ハワード『明日の田園都市』長素連訳〔SD 選書〕、鹿島研究所出版会、1968年、90ページ)

配置され、工場で働くかたわら農園を耕すような職住一体の生活ができる都市を目指した。そして、土地の共有化、開発利益の地域社会への還元、住民による自治管理などを提案するのである（図1）。

ハワードが唱えた構想は、田園都市運動として高まりを見せ、ロンドン郊外のレッチワース（一九〇三年―）、ウェルウィン（一九二〇年―）で実施に移される。その後、この田園都市運動はフランス、ドイツ、オランダ、イタリア、アメリカなどに広がっていき、いくつもの「田園都市」がつくられた。アメリカでは、ニューヨーク郊外にフォレスト・ヒルズ・ガーデン（一九一一年―）、サニー・サイド・ガーデンズ（一九二四年―）が建設され、ドイツではドレスデン郊外のヘレラウ（一九〇九年―）、ベルリン近郊のファンケンベルク（一九一三年―）、フランスではパリ近郊のシュレンヌ（一九二〇年―）、ル・プレシ・ロバンソン（一九二四年―）など、いずれも田園都市構想の影響を受けながら、それぞれの国で独自に取り入れられていった。

またアメリカでは、田園都市運動を通して「近隣住区論」が生まれ、のちに日本のニュータウン計画を理念面で支えることになる。近隣住区論とは、一九二四年にアメリカのクラレンス・A・ペリーが発表したもので、幹線道路で区切られた小学校区を一つのコミュニティと捉え、商業施設や公園、レクリエーション施設などを計画的に配置する都市計画の手法である（図2）。そして近隣住区の原則は、ニュージャージー州のラドバーン（一九二九年―）で実践された。ラドバーンでは徹底的な歩車分離が図られ、歩行者が車道を通らずに学校や商店などに行くことができる「ラドバーン・システム」という独自の手法を編み出した。

他方、イギリスでは、第二次世界大戦後に福祉国家政策のなかに位置づけられ、近隣住区論を取り入れながら、大都市の過密地域から人口と工場を計画的に分散させる一九四六年のニュータウン法（New Town Act）制定へといたる。このニュータウン法に基づいて、職場と住宅、生活関連施設を一体として開発する総合的なニュータウン建設が国家事業として全国的に展開され、四六年から五〇年の間に十四のニュータウンが指定されるのである。

イギリスでのニュータウン建設に影響を与えた都市計画として、一九四四年に策定された大ロンドン計画が挙げられる。第二次世界大戦後の復興とロンドンへの人口集中の抑制を企図したこの計画では、ロンドンを①既成市街地、②郊外地帯、③グリーンベルト、④周辺地帯、と同心円状に区分けした。中心部の既成市街地では人口の過密を抑制し、都心から二、三十キロ圏のグリーンベルトでは都市の拡張を抑止するために開発そのものを抑制した。ロンドンで収容しきれない人口は、さらに外側の周辺地帯にある既存都市の拡張と新都市の建設によってその受け皿とし、人口の分散

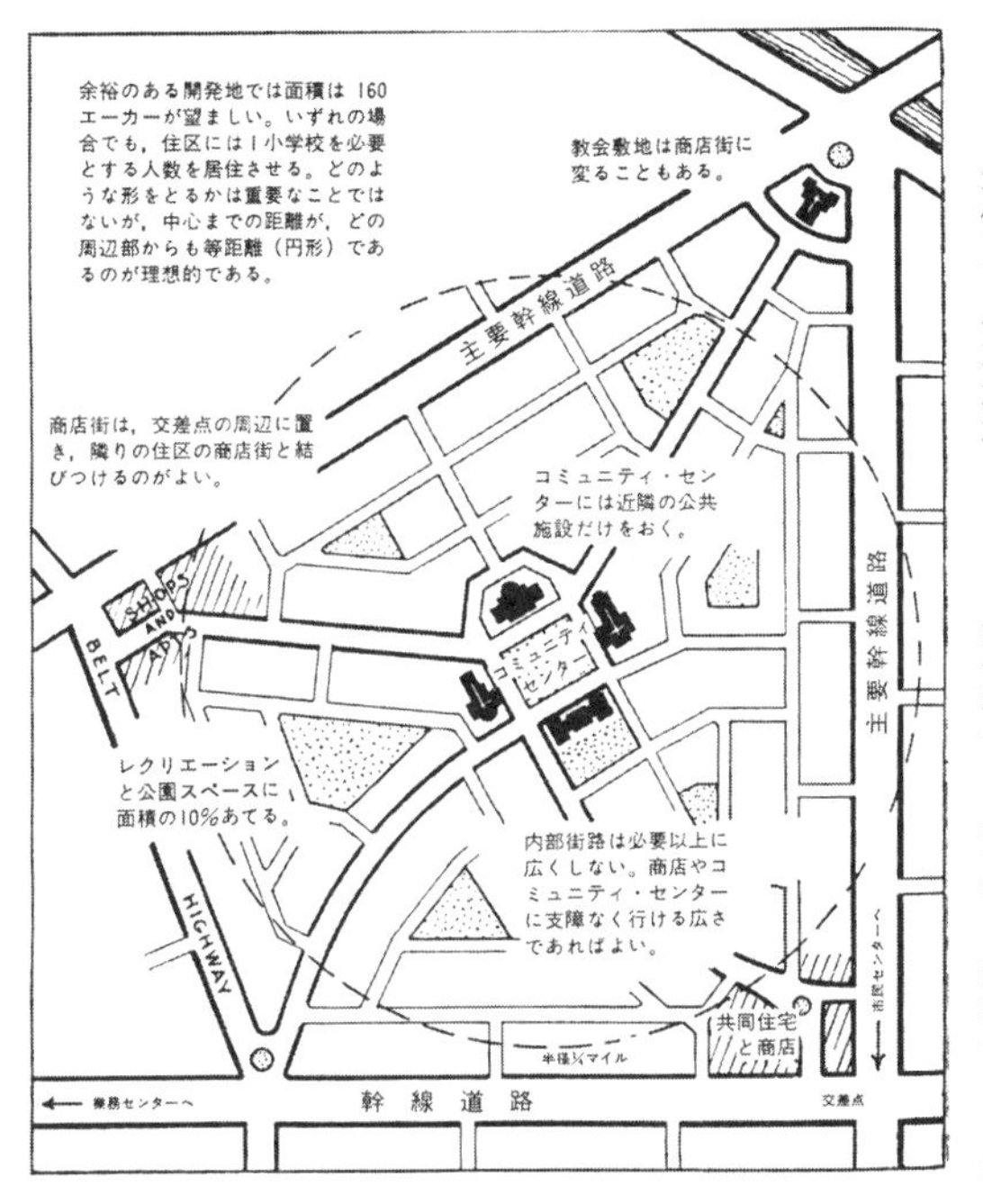

図2　ペリーの近隣住区論
(出典：クラレンス・A・ペリー『近隣住区論——新しいコミュニティ計画のために』倉田和四生訳、鹿島出版会、1975年、122ページ)

を図った。こうしてスティーブニッジ（一九四六年指定）やハーロウ（一九四七年指定）などのニュータウンが新たに生み出されていくのである。

こうしたイギリスでの取り組みは、ニュータウンの概念とともに世界に伝播していった。ニュータウンがイギリスで生まれ、世界のニュータウン開発のモデルになったといわれるゆえんである。しかも、イギリス発祥のニュータウンは、世界に広がっていくプロセスで、それぞれの国や地域固有の文脈に基づいて受容され、独自の姿に変貌を遂げていった。したがって、ニュータウンを普遍的な都市拡張の現象として一律的に捉えることが困難なほど、ニュータウンのバリエーションは多彩なのである。

日本的ニュータウンの定着

日本では、レッチワースの建設開始から四年後の一九〇七年（明治四十年）、内務省地方局有志によって『田園都市』（博文館）（図3）が刊行され、イギリスの田園都市の理念が初めて国内に紹介された。[6]

当時、東京や大阪などの大都市では、ロンドンと同様に都心部の環境悪化が問題になっていた。そのようななかで田園都市構想にいち早く着目したのは、土地開発会社や郊外電車の経営者だった。その結果、関西では、小林一三の箕面有馬電気軌道（現・阪急電鉄）による池田室町住宅地（大阪府池田市）、東京では、渋沢栄一らの田園都市株式会社による多摩川台住宅地（大田区・世田谷区）、堤康次郎の箱根土地株式会社（のちのコクド）による国立大学町（国立市）などが次々と登場する。いずれも整然とした区画割りで、その多くはロータリーと放射状の道路をもつなど、田園都市構想の影響を受けていたことは明らかだった。ところが、これらは当時の平均的住居水準とかけ離れたものだったために、日本での郊外住宅地の主流とはならなかった。

その後、日本で田園都市が再び注目されるようになるのは、高度経済成長期以降のニュータウン政策においてである。戦災による住宅の壊滅的な被害、戦後の経済復興による都市圏人口の急増に対応するため、戦後の郊外住宅地開発は、行政主導で同一規格の公営住宅を効率的に大量供給する方向へ大きく傾斜していく。こうして生まれたのが日本的なニュータウンだった。つまり、異常なほどの人口急増と深刻な住宅難という差し迫った社会問題を前にして、経済効率と生産性向上を最優先させる政策のなかから生み出されたものであり、そのため職住近接や自然環境保護などほかの条件を犠牲にすることで成り立ってきたのである。

一九五八年に策定された第一次首都圏基本計画は、大都市圏整備に関する新しい計画体系を目指して制定された首都圏整備法（一九五六年）に基づいていたが、そもそもこの計画は、四四年の大ロンドン計画でのグリーンベルト構想をモデルにしていた。すなわち、東京を中心とする百キロ圏を対象に三つの地帯区分を設定したうえで、①既成市街地では工場進出などの制限によって人口抑制を図り、②既成市街地を取り巻く幅約十キロの近郊地帯（グリーンベルト）で

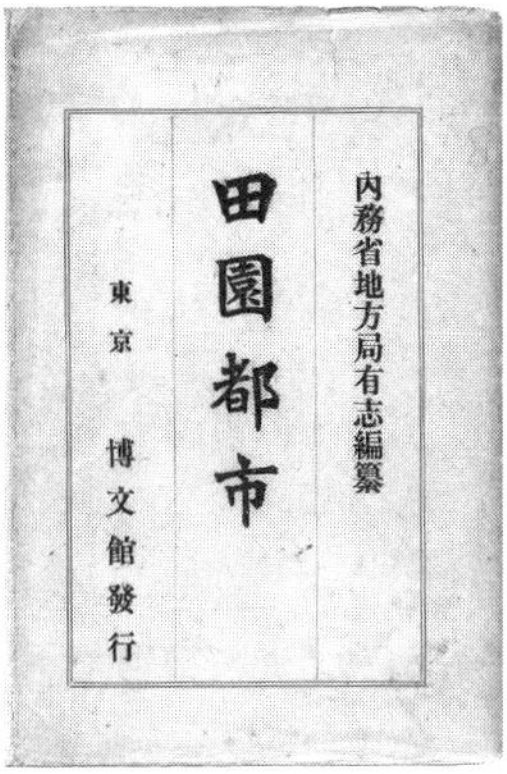

図3　内務省地方局有志編纂『田園都市』博文館、1907年

図4　首都圏整備法に基づく政策区域
（出典：都市再生機構『多摩ニュータウン開発事業誌　通史編』都市再生機構東日本支社多摩事業本部、2006年、4ページ）

は無秩序の発展・膨張を抑え込み、③周辺地域では衛星都市として人口・産業を定着させることを目指していたのである（図４）。このグリーンベルト構想は、自然環境の保護と自律的な経済圏の発達を同時にねらったものでもあったが、実際には関連自治体や地元地権者の猛烈な反対にあって頓挫し、なし崩し的にスプロール化が進行する。結局、六五年の首都圏整備法改正によってグリーンベルトの考え方は全面的に放棄される。

しかも、本書で詳しく取り上げる多摩ニュータウンが、このグリーンベルト構想を完全に否定することによって生まれたことは、きわめて象徴的だった。東京都で多摩ニュータウン建設計画の主導的役割を果たしていた北條晃敬は、多摩ニュータウン計画の着想時に「まず首都圏整備委員会が唱えたグリーンベルト構想は、間違いであるという認識から始まった[7]」「我々の検討では首都圏整備委員会のグリーンベルト構想は気にしないで議論を進めようというところから始まった[8]」とのちに回顧している。当時の大都市への異常な人口集中は、もはやグリーンベルトどころの問題ではなく、それらを無視して進めなければ、到底急増する人口を収容できるニュータウンは建設できないという理屈である。

さらに、田園都市構想で生命線となっていた「職住近接」の考え方も、東京都の検討では「独立した職住近接の都市は、東京都のエネルギーが強烈なので成り立たない[9]」として、早い時点で退けられていた。

こうして、イギリスの田園都市構想やニュータウンの建設計画は、日本社会固有の文脈に対応して受容され、「原型」と呼ぶのもはばかられるほど「日本的」なニュータウンとして独自の進化を遂げていくことになる。すなわち、都市と農村の双方の長所を兼ね備えた職住近接型の都市として構想された田園都市の理念は、日本に移入されるや、職住近接という理念を欠き、近くに雇用の場が少ないために長時間電車に揺られて大都市に通勤する、単なるベッドタウンとして開発されることになるのである。

広義のニュータウン／狭義のニュータウン

日本では、規模・開発手法・開発主体を問わずさまざまな「ニュータウンなるもの」が存在している。不動産業者が「〇〇ニュータウン」と称して数戸程度の宅地を売り出している場合もあるし、高層住宅が集積する団地でも、逆に一戸建てが立ち並ぶ住宅街でも、同じようにニュータウンと呼ばれることがある。つまり、ニュータウンは何の制限もなく自由に名付けられる「なんでもあり」の概念であり、我々は普段それに対して何の疑問も抱かずに漠然とニュータウンという言葉に接している。

また日本では、イギリスの New Town Act のように、ニュータウン制度を明確に示した法制度が確立しているわけでもない。関連するものとしては、千里ニュータウンや多摩ニュータウンなどの開発の根拠法となった新住宅市街地開発法（一九六三年制定。以下、新住法と略記）があり、別名「ニュータウン法」などと呼ばれることもあるが、実際には宅地開発の一つの事業手法を規定するものでしかない。新住法では、六千人から一万人程度が居住する住区を単位として、それが複数あることが謳われているものの、これによってニュータウンの制度上の定義が明確に示されているわけではないし、新住法に基づいて建設された街をニュータウンと名付けているわけでもない。

　国土交通省では、高齢化が進むニュータウンの実態調査をおこない、①一九五五年度以降に事業着手、②施行面積十六ヘクタール以上で、計画戸数一千戸以上または計画人口三千人以上、③人口集中地区ではない区域で開発、という定義のもとで、二〇一一年三月に「全国のニュータウンリスト」を作成している。このリストには二千十の地区が掲載され、その総面積は大阪府に相当する十九万一千ヘクタールに及ぶという。行政によって示された初めてのニュータウンの定義として注目されるが、それでもニュータウンと呼ぶにはいささか粗略にすぎるきらいがある。リストに掲載されている名称を見てみると、「〇〇団地」という単位のほうがふさわしい物件も多く、ニュータウンという言葉から連想されるイメージとは大きな隔たりがある。しかも「ニュータウンリスト」には、「大規模ニュータウン（三〇〇ヘクタール以上）」が別に区分けされていて、基準の二重性も認められる。

　このように見てくると、ニュータウンという言葉には広義と狭義があるものとして捉えておいたほうが現実的であり、実情に即している。すなわち、広義のニュータウンとは、先に述べたように規模や開発主体にかかわらず何の制限もなく自由に名付けられた、郊外に立地する新興住宅地全般を指す。用法に制限はなく、恣意的かつ曖昧な意味合いで使われる。

　一方、狭義のニュータウンは、本書では以下の三つの条件に合致したものと定義しておきたい。
①都道府県や市町村、あるいは公団や住宅供給公社のような公的セクターが主体となって開発

多摩ニュータウン	千葉ニュータウン	港北ニュータウン
2,884ヘクタール	1,930ヘクタール	1,341ヘクタール
30万人	14万3,300人	22万人
東京都多摩市・稲城市・八王子市・町田市	千葉県白井市・船橋市・印西市	神奈川県横浜市都筑区
東京都 日本住宅公団 東京都住宅供給公社	千葉県企業庁 日本住宅公団	日本住宅公団
新住宅市街地開発事業 土地区画整理事業	新住宅市街地開発事業	土地区画整理事業
1965年（昭和40年）	1966年（昭和41年）	1969年（昭和44年）
1966年（昭和41年）	1970年（昭和45年）	1974年（昭和49年）
1971年（昭和46年）	1979年（昭和54年）	1983年（昭和58年）
京王相模原線 小田急多摩線 多摩モノレール	北総鉄道北総線	横浜市営地下鉄3号線・4号線
21	24	6

していること

②新住宅市街地開発法や土地区画整理法のような何らかの法的根拠によって、計画的な開発手法が規定されていること

③数——数十の住区によって構成され、ある程度の規模があること[10]

つまり、①設置主体、②開発手法、③規模という三つの点で一定の基準を満たしていることが、狭義のニュータウンの条件ということになる。しばしば紹介されるニュータウンの定義に、「公的機関の開発・建設による人口規模で十万人にも及ぶ」「新しく計画的に造られた街[11]」という福原正弘によるものが知られ

表1　日本の代表的なニュータウン

	千里ニュータウン	泉北ニュータウン	高蔵寺ニュータウン
面積	1,160ヘクタール	1,557ヘクタール	702ヘクタール
計画人口	15万人	18万人	8万1,000人
行政区域	大阪府吹田市・豊中市	大阪府堺市・和泉市	愛知県春日井市
事業主体	大阪府企業局	大阪府企業局	日本住宅公団
事業手法	一団地住宅経営 新住宅市街地開発事業	新住宅市街地開発事業 一般公的任意開発事業	土地区画整理事業
事業決定	1958年（昭和33年）	1965年（昭和40年）	1963年（昭和38年）
工事着手	1961年（昭和36年）	1966年（昭和41年）	1964年（昭和39年）
入居開始	1962年（昭和37年）	1967年（昭和42年）	1968年（昭和43年）
鉄道	北大阪急行電鉄 大阪モノレール 阪急千里線	泉北高速鉄道	JR 中央本線
住区数	12	15	4

※事業主体の名称は事業開始時のもので、その後の変更は反映していない。
（出典：福原正弘『ニュータウンは今――40年目の夢と現実』〔東京新聞出版局、1998年〕、21ページの表に加筆・修正して作成）

ているが、ここでは「十万程度」と具体的な人口が示されているものの、おおむね同様の見解を示すものである。

この三つの条件に合致しているのが狭義のニュータウンであり、代表的なところでは、千里ニュータウン（大阪府）、高蔵寺ニュータウン（愛知県）、泉北ニュータウン（大阪府）、多摩ニュータウン、港北ニュータウン（神奈川県）、千葉ニュータウン（千葉県）などが該当する（表1）。また、大規模ニュータウン連絡会議[12]がまとめた「大規模ニュータウン一覧」は、三百ヘクタール以上という条件付きながらも、この狭義のニュータウンの全国的な分布や全体像を把握でき参考になる[13]（表

2)。
狭義のニュータウンと広義のそれとは、規模や開発手法の違いだけではなく、それぞれ位相が異なる都市機能を有しているため、別の概念として分けて捉える必要があるが、実際には両者を混同していることも多く、また一般的には広義の解釈が優位である。本書では、特に断らないかぎり、狭義のニュータウンを対象とする。

なお、ニュータウンに類似する概念に、「団地」がある。ニュータウンは、住宅（居住機能）だ

事業期間（年）	事業規模（ヘクタール）	計画人口（人）
1978—1995	826	15,000
1969—1979	441	27,000
1980—1995	378	32,000
1982—1992	332	17,000
1983—1995	377	14,300
1975—1994	530	25,000
1966—1995	2,984	298,900
1968—1986	482	60,000
1968—1994	1,480	150,000
1971—1992	366	41,500
1972—1996	378	45,000
1969—1993	1,933	176,000
1974—2001	1,317	220,000
1988—2001	394	28,000
1968—1977	332	60,000
1968—1994	2,696	100,000
1966—1987	631	106,500
1977—2001	761	70,000
1977—1998	974	130,000
1971—2001	701	81,800
1970—2002	760	76,500
1975—2004	440	10,000

表2　大規模ニュータウン一覧（300ヘクタール以上）

所在地	名称	事業主体	事業手法
北海道	泉沢向陽台住宅地 千歳臨空工業団地	千歳市土地開発公社	開発許可
北海道	北海道北広島団地	北海道	新住宅市街地開発事業
北海道	篠路拓北（あいの里）	日本住宅公団	土地区画整理事業
青森県	八戸新都市	地域振興整備公団	土地区画整理事業
秋田県	秋田新都市	地域振興整備公団	一団地の住宅経営
福島県	いわきニュータウン	地域振興整備公団	一団地の住宅経営
東京都	多摩ニュータウン	東京都 日本住宅公団 東京都住宅供給公社	新住宅市街地開発事業 土地区画整理事業
千葉県	成田ニュータウン	千葉県	新住宅市街地開発事業
千葉県	千葉海浜ニュータウン	千葉県	一団地の住宅経営
千葉県	浦安地区第2期	千葉県	土地区画整理事業
神奈川県	湘南ライフタウン	藤沢市	土地区画整理事業
千葉県	千葉ニュータウン	千葉県 日本住宅公団	新住宅市街地開発事業
神奈川県	港北ニュータウン	日本住宅公団	土地区画整理事業
東京都	南八王子ニュータウン	住宅・都市整備公団	土地区画整理事業
東京都	板橋（高島平）	日本住宅公団	土地区画整理事業
茨城県	筑波研究学園都市	建設省 文部省 日本住宅公団	土地区画整理事業 新住宅市街地開発事業 一団地の官公庁施設事業
神奈川県	洋光台・港南台	日本住宅公団	土地区画整理事業
茨城県	竜ヶ崎ニュータウン	日本住宅公団	土地区画整理事業 工業団地造成事業
千葉県	千葉・市原ニュータウン	日本住宅公団	土地区画整理事業
茨城県	常総ニュータウン	日本住宅公団	土地区画整理事業
埼玉県	むさし緑園都市	日本住宅公団	土地区画整理事業
新潟県	長岡ニュータウン	地域振興整備公団	一団地の住宅経営

けでなく、商業施設、学校、行政機関、公共施設、公園・緑地など、総合的な都市機能を有する複合体である。一方、団地は、原義としては「一団の土地」の略称で、住宅に限らず、「工業団地」や「流通団地」といった言い方があるように、同一の機能をもつ建物や産業などが集中的に立地している土地のことを指すが、一般には住宅の集合体、特に箱型の画一的な集合住宅を指すことが多い。したがって、団地はニュータウンと同列に位置づけられるのではなく、むしろニュータウンを構成する集合住宅の一形式である。

事業期間（年）	事業規模（ヘクタール）	計画人口（人）
1981―	520	20,000
1972―1996	313	40,000
1965―1985	702	81,000
1988―1999	300	6,000
1961―1991	895	113,000
1971―1996	1,762	105,000
1965―1983	1,557	180,000
1960―1970	1,160	150,000
1971―1995	487	40,000
1972―1999	739	48,000
1984―2005	1,790	25,000
1987―	3,300	180,000
1984―1999	370	27,000
1983―1997	305	9,700
1980―1992	432	5,700
1975―1994	480	10,000
1979―1992	286	8,000

所在地	名称	事業主体	事業手法
滋賀県	びわこ文化公園都市	滋賀県	土地区画整理事業
愛知県	桃花台ニュータウン	愛知県	新住宅市街地開発事業
愛知県	高蔵寺ニュータウン	日本住宅公団	土地区画整理事業
三重県	上野新都市	地域振興整備公団	土地区画整理事業 一団地の住宅経営
兵庫県	須磨ニュータウン	神戸市 日本住宅公団 民間	土地区画整理事業 新住宅市街地開発事業 一団地の住宅経営
兵庫県	西神ニュータウン	神戸市	新住宅市街地開発事業 工業・流通業務団地造成事業
大阪府	泉北ニュータウン	大阪府	新住宅市街地開発事業 一般公的任意開発
大阪府	千里ニュータウン	大阪府	新住宅市街地開発事業 一団地の住宅経営
兵庫県	神戸三田国際公園都市	兵庫県	新住宅市街地開発事業
兵庫県	北摂ニュータウン	日本住宅公団	新住宅市街地開発事業 工業団地造成事業
兵庫県	播磨科学公園都市	兵庫県	一般開発事業
大阪府 京都府 奈良県	関西文化学術研究都市	奈良県 大阪府 住宅・都市整備公団 民間	土地区画整理事業
大阪府	和泉中央丘陵	住宅・都市整備公団	新住宅市街地開発事業
鳥取県	鳥取新都市	地域振興整備公団	一団地の住宅経営
岡山県	吉備高原都市	地域振興整備公団	一団地の住宅経営
広島県	加茂学園都市	地域振興整備公団	一団地の住宅経営
宮崎県	宮崎学園都市	地域振興整備公団	一団地の住宅経営

※事業主体の名称は事業開始時、また事業期間などの情報は出典発行時のもので、その後の変更は反映していない。
（出典：大規模ニュータウン連絡会議編『大規模ニュータウンの課題と展望』大規模ニュータウン連絡会議、1993年、102―103ページ）

4 「社会史」としてのニュータウン

日本最大の多摩ニュータウン

本書では、多くのニュータウンを幅広く扱い、その包括的・最大公約数的な性格を抽出することは意図していない。むしろ、特定のニュータウンに事例を絞り、深く掘り下げていくことで、ニュータウン固有の問題を浮かび上がらせることを目指している。

事例として扱うのは、狭義のニュータウンのうち日本最大の規模を有する多摩ニュータウンである。日本のニュータウン開発は、高度経済成長と歩調を合わせるようにして進展し、大都市とその周縁部という対応関係に即して数多くのニュータウンが生み出されてきた。とりわけ東京、大阪、名古屋の三大都市圏では、公的セクターによって開発された大規模ニュータウンがいくつも出現し、人口の集住が加速した。本書で対象とする多摩ニュータウンも、そのうちの一つである。

まずは、多摩ニュータウンに関する概要について紹介しておこう。多摩ニュータウンは、東京西郊の稲城市、多摩市、八王子市、町田市にまたがる多摩丘陵に開発されたニュータウンであり、東西十四キロ、南北二キロから四キロに及ぶ広大な面積が開発区域に指定されている。開発主体は、日本住宅公団（住宅・都市整備公団、都市基盤整備公団を経て、現・独立行政法人都市再生機構）、東京都、東京都住宅供給公社の三者であり、前述のペリーによる「近隣住区論」をもとに、集合住宅を

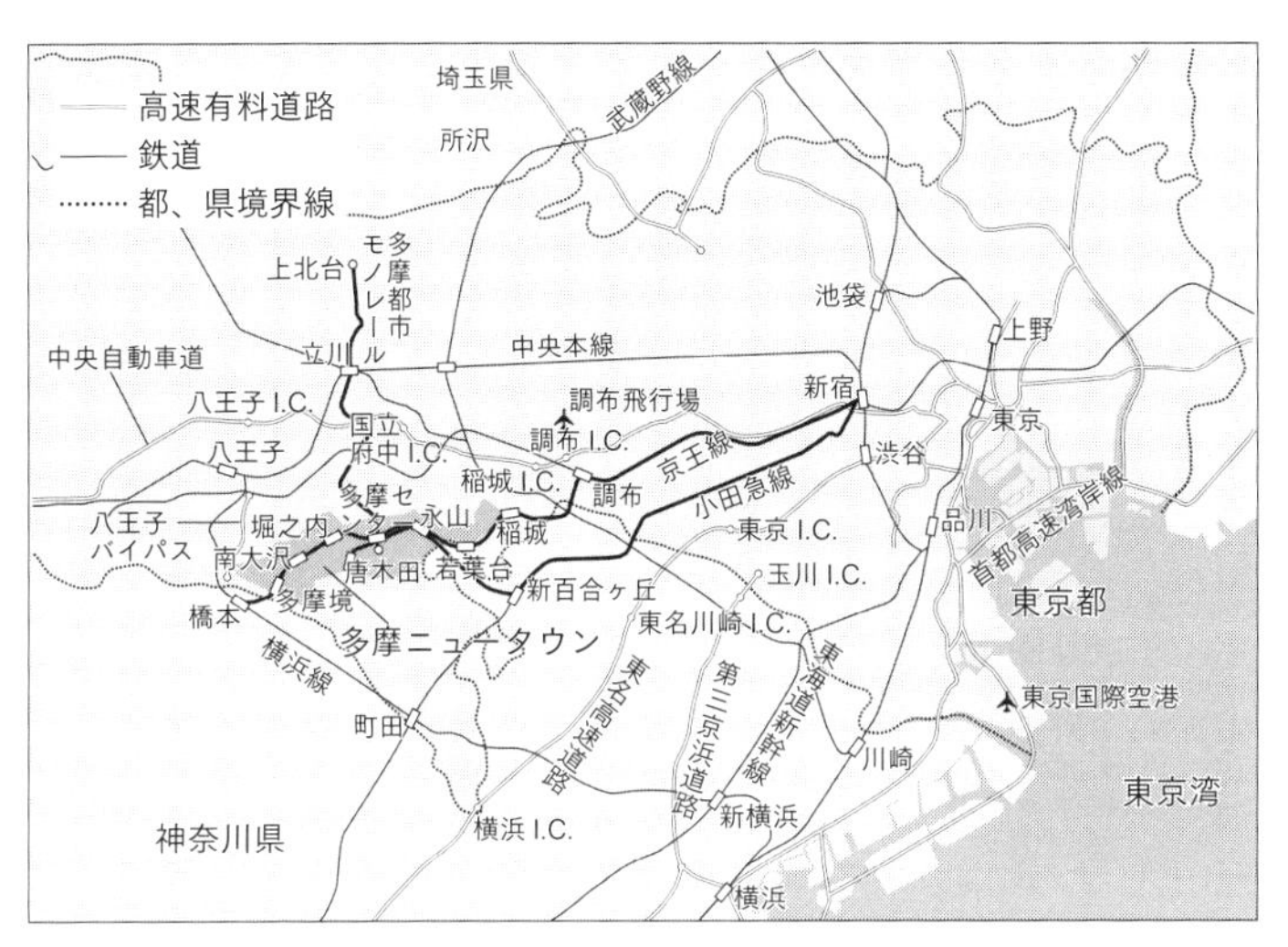

図5　多摩ニュータウンの位置
（出典：東京都／都市基盤整備公団／東京都住宅供給公社「多摩ニュータウンパンフレット」2003年度版をもとに作成）

中心としてさまざまな形式の住宅・公共施設などが計画的に配置されている。

一九六五年に都市計画決定、七一年に第一次入居が開始されて以降、開発区域を拡大・移動させながら順次開発が進められてきたが、東京都が二〇〇三年度、都市再生機構が〇五年度にそれぞれ撤退したため、ニュータウン事業は実質的に終了している。未開発地区は民間などに売却され、現在は民間による開発が中心になっていることから、市民主体のまちづくりへの関心が高まりつつある。

このように、多摩ニュータウンは日本最大規模のニュータウンであり、しかも長期にわたって継続的に開発が続けられてきた国家的なプロジェクトでもあった。したがって、現代社会が直面するさまざまな課題が集約的かつ典型的に現れやすいという特徴をもつ。多摩ニュータウンを事例に考えることで、都市計画だけでなく、市民生活、インフラ、福祉、教育・文化、産業、行政サービスなど、現代社会のさまざまな側面で多くの示唆が得られるはずである。

本書の射程——地域社会のなかのニュータウン

多摩ニュータウンに関しては、これまで多くの学問分野からさまざまなアプローチによる研究がなされてきた。社会学、地理学、経済学、建築学だけにとどまらず、自然環境から生活習俗、福祉の領域にいたるまで、多様な切り口によってニュータウンを対象化してきた。このことは、ニュータウンという存在が、複雑で多様なコンテクストのうえに成り立っているという事実そのものを映し出している。

すでに一九八〇年の新聞記事では「意欲そそる貴重な対象[14]」という見出しのもとで、多摩ニュータウンを研究テーマに選んだ東京経済大学のゼミ活動が紹介されているが（図6）、こうした報道が象徴するように、多摩ニュータウンは研究対象としても魅力的な素材を提供し続けてきたということもできるだろう。

多摩ニュータウンに関する研究は、開発の計画段階で都市計画や土木工学など技術的な側面からの検証という形で開始され、「いかに開発していくか」という効率的な都市開発の手法を技術的に構築していくことに比重が置かれた。その後、入居が始まって新しい住民たちが流入してくると、居住環境や都市デザインに関する建築学的なアプローチ、ニュータウン住民の社会関係や市民意識に関する都市社会学的なアプローチなどを巻き込みながら、多摩ニュータウンに関する研究は広がりを見せていく。

さらに一九九〇年代になると、ＩＮＡＸ出版の「10＋1」第一号の特集「ノン・カテゴリーシティ――都市的なるもの、あるいはペリフェリーの変容」（一九九四年）あたりを起点に、社会学や都市論、建築学などが交差する領域から、多摩ニュータウンの地政学的な特殊性をあぶり出そうとする試みも生まれてくる。のちに『国土論』（筑摩書房、二〇〇二年）としてまとめられる内田隆三の

多摩ニュータウン10年

実験都市

・17・

研究

ゼミのテーマにも

意欲そそる貴重な対象

広井教授（右端）の指導でニュータウンを研究する学生たち＝国分寺市の東京経済大で

◆四年前開始

◆回収率83%

◆反省の言葉

図6　「朝日新聞」1980年1月30日付

「ペリフェリーの社会学――ニュータウンの光景と深度」が発表されたのは九八年のことである。[15]先に触れたように、ニュータウンを明確に「病理」と結び付けてイメージされるようになるのも、ちょうどこのころからである。

この時期までの研究状況を通観してみると、多摩ニュータウンが、同時代の「社会現象」として扱われる場合が多かったことに気づかされる。アンケート調査や現地取材、そのほかさまざまな方法を駆使して展開される「多摩ニュータウン論」の多くは、ニュータウンという存在を共時的に捉えたものであり、脚光を浴びやすく、なおかつ研究対象となりやすいのは、やはり多摩ニュータウンの「いま」だった。このことは、多摩ニュータウンの歴史的な形成過程そのものに照射した研究が相対的に少ない傾向にあったことを示している。

もっとも、多摩ニュータウンの歴史を解き明かそうとする取り組みも、これまでになかったわけではない。歴史学やその周辺領域で、多摩ニュータウン開発の過程に関する重要な研究がいくつも積み重ねられているのも確かだが、その多くは開発施行者側に立った「開発史」とでもいえるものであり、開発思想や設計思想の解明に力点が置かれていた。

いずれにしても、これらのアプローチに欠けていたのは、開発を受け入れ多大な影響を受けた地域社会の側に立って、その変容のプロセスを歴史的に捉えることだった。[16]開発は、地域社会のありようを根底から変えてしまうほどの絶大な影響を及ぼすことになるため、施行者の側の論理だけで開発を捉えることは問題の半面をなぞったにすぎない。また、地域の人々の生活やそこで展開されるさまざまな営みは、その地域がたどってきた歴史の蓄積のうえに成り立っているため、ある特定の時点を切り取って同時代として記述するだけでは、地域社会の固有の文脈やそのダイナミックな動きを十分に示すことができないだろう。

確かに開発思想・設計思想の解明は重要であり、その意義も十分に認識しているが、本書の関心はそこにはない。また、厳密な意味で時系列に沿って歴史的展開をたどっているわけではないし、もとより体系的な「多摩ニュータウン史」も意図していない。ニュータウンでの開発行為そのものではなく、あくまでもそれを受け入れ変化を余儀なくされた地域社会に軸足を置いて、開発の受容過程そのものを地域社会の側から明らかにしていきたいと考えている。これらの多面的な検討から、地域社会から見た多摩ニュータウンの全体像が見えてくるはずである。

注

(1) 鷲田清一『京都の平熱――哲学者の都市案内』講談社、二〇〇七年、二四七ページ
(2) 同書二五〇ページ
(3) 赤坂憲雄『排除の現象学』洋泉社、一九八七年
(4) 三浦展『ファスト風土化する日本――郊外化とその病理』(新書y)、洋泉社、二〇〇四年
(5) エベネザー・ハワード『明日の田園都市』長素連訳(SD選書)、鹿島研究所出版会、一九六八年
(6) 内務省地方局有志編『田園都市と日本人』(講談社学術文庫)、講談社、一九八〇年
(7) 北條晃敬『多摩ニュータウン構想の全貌――私にとっての「多摩ニュータウン」』多摩ニュータウ

ン歴史研究会、二〇一二年、六五ページ

(8) 同書六五ページ

(9) 同書五八ページ

(10) 金子淳「ニュータウン」、民俗学事典編集委員会編『民俗学事典』所収、丸善出版、二〇一四年、二一六ページ

(11) 福原正弘『ニュータウンは今――40年目の夢と現実』東京新聞出版局、一九九八年、一六ページ

(12) 大規模ニュータウン連絡会議は、大規模ニュータウン開発者・管理者相互の情報交流を目的に、大阪府と大阪府千里センターの呼びかけによって設立された。大阪府千里センターは、千里ニュータウンの公益施設や商業施設などの維持・管理をおこなう大阪府の外郭団体である。連絡会議設立のきっかけは、千里ニュータウンまちびらき二十五周年を記念して、一九八七年に開催された「ニュータウン世界フォーラム」(事務局:千里センター)であり、そこで出された提言を受けて、東京都、千葉県、愛知県、兵庫県、神戸市、公団、大阪府、千里センターなどを構成員として八九年に設立された。その後、公的ニュータウン事業施行者事務連絡会議とともにニュータウン事業施行者協議会に統合されている(山本茂/鳴海邦碩/澤木昌典「千里ニュータウンの管理組織の役割に関する研究」「都市計画論文集」第四十号、日本都市計画学会、二〇〇五年)。

(13) 大規模ニュータウン連絡会議編『大規模ニュータウンの課題と展望』大規模ニュータウン連絡会議、一九九三年

(14)「朝日新聞」一九八〇年一月三十日付

(15) 小林康夫/船曳建夫編『新・知の技法』東京大学出版会、一九九八年

(16) もちろん、地域社会の側から開発を捉える視座のもとで取り組まれた研究も少なからず存在する。

なかでも自治体史という立場で多摩ニュータウン開発の経緯を追った多摩市史編集委員会編『多摩市史 通史編2 近現代』（多摩市、一九九九年）は、自治体史という制約がありながら、地域住民の立場で貫かれていて秀逸である。執筆担当者だった勝村誠による研究も、きわめて重要である（勝村誠「多摩ニュータウン開発計画の決定過程について――政策史学の構築と歴史情報の公共利用にむけて」、多摩ニュータウン研究編集委員会編「多摩ニュータウン研究」第一号、多摩ニュータウン学会、一九九八年）。また、地域社会の現実に立脚してその構想との矛盾に鋭く切り込んだ林浩一郎の研究も注目すべき成果である（林浩一郎「多摩ニュータウン開発の情景――実験都市の迷走とある生活再建者の苦闘」、地域社会学会編『縮小社会と地域社会の現在――地域社会学が何を、どう問うのか』〔「地域社会学会年報」第二十集〕所収、ハーベスト社、二〇〇八年、同「多摩ニュータウン「農住都市」の構想と現実――戦後資本主義の転換とある酪農・養蚕家の岐路」『日本都市社会学会年報』第二十八号、日本都市社会学会、二〇一〇年、同「多摩ニュータウンの中心と周縁――新文化都市開発の都市政治」『関東都市学会年報』第十五号、関東都市学会事務局、二〇一三年）。

第2章　開発と葛藤——多摩ニュータウンの成立と地域社会

本章では、多摩ニュータウン成立の起源を探りながら、地域住民がこの計画をどのように受け止め、どのような影響を受けていったのか、主に入居開始直前までの状況をたどっていく。特に、開発前からおこなわれていた地域の基幹産業である農業に注目しながら、多摩ニュータウンの成立の経緯と開発の受容のプロセスを地域社会の側から描き出してみたい。すなわち本章では、地域社会の側から見た多摩ニュータウン開発の成立の過程を明らかにすることになる。

1　多摩ニュータウン計画の成立過程

多摩ニュータウン立案の〝神話〟

多摩ニュータウンの計画がいつ、どのようにして決まったのかは、実ははっきりしていない。このことについて探った新聞記事があり、そこではいくつかの説が紹介されている。[1] まず、一九六二年ごろに当時の東京都首都整備局長・山田正男が発案したという説が挙げられ、「その通り、発想はまさしくぼくだ。住宅都市でなく、文化都市の構想だった」と本人の発言を掲載している。

一方で、同時期に当時の建設大臣・河野一郎（在任一九六二年七月―六四年七月）が、多摩地区開発案を東京都に指示した、との説もある。当時、東京都首都整備局で担当係長だった北條晃敬は「新法を制定するから、適地をさがせ、との指示が建設省からあり、都が南多摩にその地を求めた、というのが真相です」と証言する。さらに、当時、同局首都整備課長だった吉田千秋は「いえ、建設省の指示がある直前、わたしどもの課が、企画立案しています。せいぜい二十万人程度で、谷あいに住宅を、という構想でした」と回想する。

東京都行財政臨時調査会では、こうした数々の〝神話〟の信憑性を確認することができず、「多摩ニュータウン建設のアイデアが、東京都の、どこで思いつきが出され、どういう形で決定にいたったか、どうにもはっきりしないいんですな。調査会の機能をあげて、追跡調査したが、結局わからない、ということが、わかりました」と結論づけたという。現在でもさまざまな説が飛び交っているが、それだけ多くの主体とプランが関係し合うなかで、複雑なプロセスを経て決定にいたったことだけは間違いない。

ただ、その出発点の一つとして考えられるのが、一九六〇年から始まった東京都による大規模宅地開発計画である。そして、この計画の内容を検討してみると、のちに放棄されることになるにせよ住宅地と農地が共存するあり方が模索され、少なくとも純農村→住宅街という単線的な変化では捉えられない側面が多いことに気づく。そこで、まずはこの計画を導きの糸としながら、多摩ニュータウンの成立過程に迫ってみることにする。

東京都首都整備局による計画案

一九六〇年十二月から翌六一年三月にかけて、東京都首都整備局では、大規模な住宅地に適した地域を選定する作業に入っていた[2]。当時、人口急増に伴う住宅難の深刻化に直面していた東京都にとって、居住環境が良好で、なおかつ低廉な住宅地を大量に供給することが喫緊の課題になっていた。そこで東京都では六〇年七月、それまで各局に分散していた首都整備計画の部門をまとめて「首都整備局」として再編し、都市整備に関する総合的な取り組みを開始するが、この大規模宅地開発に関する調査もその一環として手がけられたものだった。

調査の結果、南多摩郡多摩村（現・多摩市）の乞田、落合、貝取、唐木田地区および町田市の小野路地区が候補区域として選定された。計画面積は千ヘクタール程度の規模であり、現在の多摩ニュータウンの三分の一ほどの面積であったとはいえ、近隣地域を含めてもこの計画は前代未聞のスケールをもつものだった。なお、この区域は実際に現在の多摩ニュータウンの一部を構成している。

続いて一九六二年度には、同じく東京都首都整備局の手によって、計画面積をさらに拡大する案がまとめられる。多摩村と稲城村（現・稲城市）を中心とする二つの地域を対象に、「合計十五万人収容の具体的な集団的宅地開発を想定した調査[3]」をおこない、計画案を作成する（図7）。計画面積は、千ヘクタールから千六百ヘクタールへと増えていた。

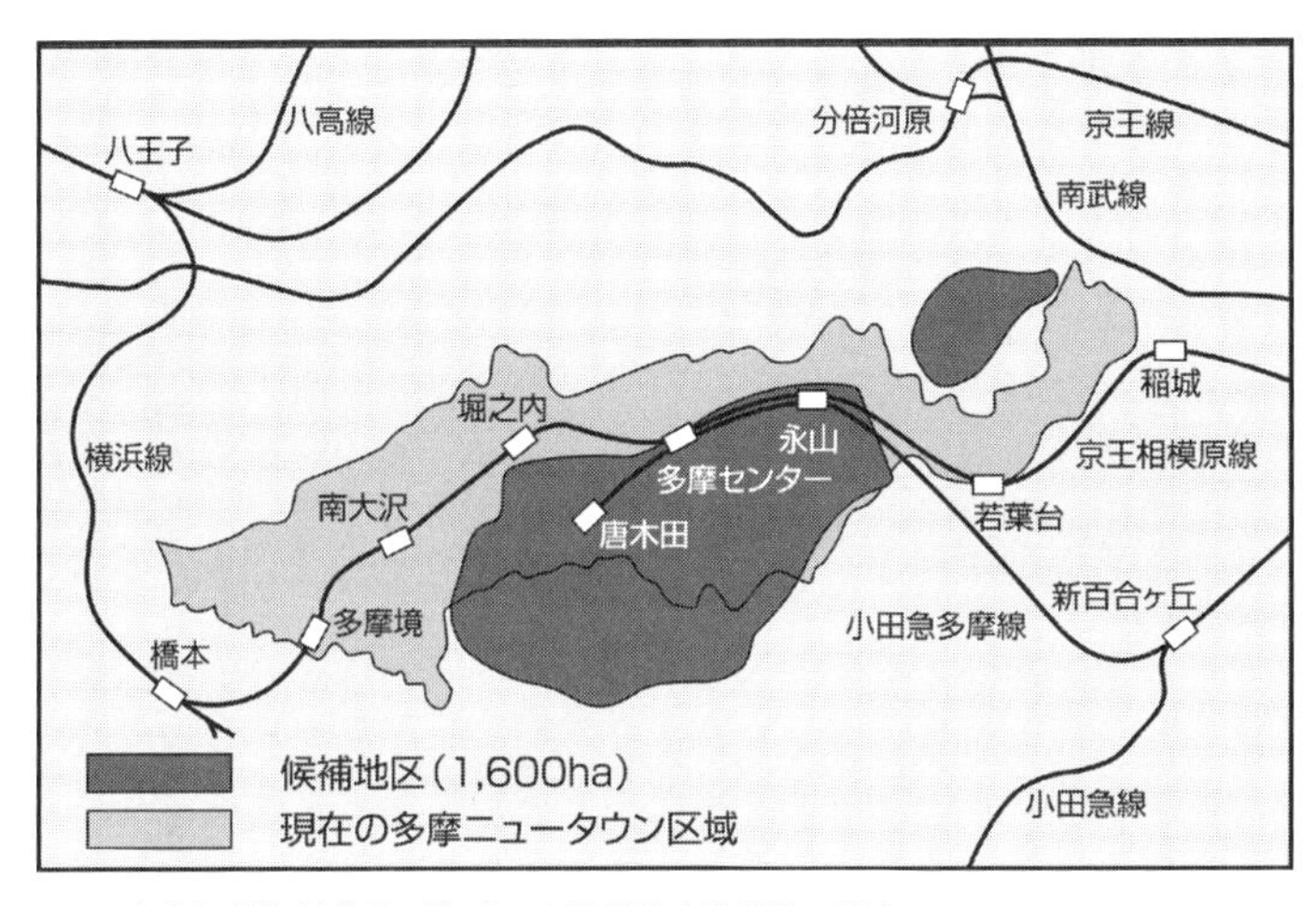

図7　東京都首都整備局が作成した集団的宅地開発の試案
（出典：パルテノン多摩編『多摩ニュータウン開発の軌跡——「巨大な実験都市」の誕生と変容』パルテノン多摩、1998年、30ページ）

この東京都の計画が、のちに多摩ニュータウンの計画へとつながっていく「原型」とされているが、[4]ここで注目すべきは、この時点では開発区域のなかに農地や緑地の立地が織り込まれていたことである。東京都首都整備局が作成した報告書『集団的宅地造成関連地域における緑地構成についての調査報告書』（一九六二年）で、「田園風致の保存、都市に隣接した森林、農園、緑地等の保存育成には意をそそぎ美しい自然的環境の確保をはからねばならない」と明言されていたことは特筆に値する。

このように、東京都が進めていた多摩ニュータウンの前段階での計画案では、緑地が多い市街地を育成するだけでなく、農地も保全していくことが想定され、市街地化と農業経営を同時に実現させることが目指されていた。ところが、のちにこの計画が新住宅市街地開発法（新住法）という法律に飲み込まれることによって、農住一体の考え方は破綻をきたし、大きな転換を余儀なくされることになる。

新住宅市街地開発法の成立とその波紋

高度経済成長期の著しい人口増大は、極度な住宅難をもたらすとともに、都市の外延的拡大による無秩序な開発（スプロール現象）を深刻化させていた。こうした住宅問題を解決するためには、新しい法的措置に基づく計画的で大規模な宅地開発が緊急の課題とされていた。このような時代の要請を受けて、一九六三年七月十一日に公布・施行されたのが新住法だった。大量の住宅供給を目的に大規模な住宅地を新規に開発することに対して法的根拠を与えるために生み出され、多摩ニュータウンもこの法律に基づいて都市計画決定がなされている。

新住法の最も大きな特徴は、強制力をもって開発用地を取得することができる点である。新住法では、土地所有者の意向を確認せずに開発区域の指定ができ、開発施行者には土地収用法の適用が認められるとともに、土地建物を売り主から優先的に買い受けられる権利（先買権）も付与された。つまり、土地所有者の意思とは無関係に、計画区域の土地を全面的に買収するという強制的な開発方法を可能にしたわけである。

新住法に基づいた開発事業（以下、新住事業と略記）の第一号は千里ニュータウンであり、法制定の翌年、一九六四年四月に適用されている。千里ニュータウンの場合は、ニュータウン全域に及ぶのではなく、全千百六十ヘクタールのうちの半分以下（四百九十四ヘクタール）にすぎなかった。それまでの開発事業で用地買収ができなかった土地について、後追いで適用させたのである。

その後、同年に北海道江別市の大麻地区（二百十五ヘクタール）、翌一九六五年に大阪府堺市の金岡東地区（百三十八ヘクタール）、兵庫県神戸市・明石市の明石舞子地区（百六十一ヘクタール）、福島県いわき市の玉川地区（五十八ヘクタール）、北海道室蘭市の白鳥台地区（百八十二ヘクタール）と続き、そして六五年十二月、大阪府堺市の泉北丘陵地区（千五百十一ヘクタール）とともに多摩ニュータウンの都市計画決定がなされ、新住法が適用される[5]（表3）。なお、表3で多摩ニュータウンは「南多摩」と表記されているが、ほかの新住事業の規模に比べて、多摩ニュータウンの面積や計画人口がまさしく桁違いのものだったことがわかるだろう。

しかもこの計画面積は、新住法が予定していた規模をも圧倒的に上回っていた。そもそも新住法が想定していた面積は、一住区百ヘクタールで三住区ほどの規模だったという[6]。ところが、多摩ニュータウンではその想定規模を大幅に超える面積が開発用地として指定されたのである。

新住法が多摩ニュータウンに適用されることになった経緯については不明な点が多いが、少なくとも法制定直後から、新住法を前提とした開発計画に移行している様子が確認できる。新住法を適用させるには、その区域が都市計画区域に指定されていることを条件としていたため、まずは都市計画区域に指定する必要があった。その動きが新住法の施行とともに急ピッチで進められていくのである[7]。

東京都では、一九六三年七月、南多摩郡稲城町、多摩村、由木村（現・八王子市）の三町村に対して都市計画区域の指定を要請しているが[8]、これは明らかに同月に公布・施行された新住法と同調した動きだった。その後、三町村長の協議により、南多摩郡東部都市計画協議会を結成して指定の準備にあたり、早くも十一月四日には都市計画区域に指定されている。

その準備の過程で、「三ヶ町村長が都の方によばれ、国の方でも早く指定したいので中心になる町村を早急に定める様いわれた」[9]と多摩村の富澤政鑒村長が村議会で発言していることからも、東京都と国（建設省）の示唆が強く作用し、かなりのスピードで多摩ニュータウンの計画の準備を進めていたことがうかがえる。

東京都首都整備局では一九六三年十二月十日、「多摩地区開発計画案」をまとめ、計画人口二十五万人、区域面積二千二百四十八・七ヘクタール、事業費百十九億五百万円、事業期間七年という計画を明らかにしている。[10]

面積（ヘクタール）	計画人口（千人）	事業開始年度
215	27	1964
242	32	1968
441	27	1970
232	23	1973
182	24	1965
104	10	1966
94	10	1970
141	12	1975
109	10	1975
178	22	1965
130	14	1978
58	10	1965
260	41	1968
135	5	2000
202	11	1991
1933	153	1969
483	60	1968
2218	282	1966
226	16	1966
321	40	1972
261	41	1969
494	85	1964
1511	180	1965
138	38	1964
78	16	1968
128	15	1970
370	25	1984
171	9	1988

表3　新住宅市街地開発事業一覧

地区名	所在地	都市名	施行者
大麻	北海道	江別市	北海道
もみじ台	北海道	札幌市	札幌市
北広島	北海道	北広島市	北海道
花畔	北海道	石狩市	北海道住宅供給公社
白鳥台	北海道	室蘭市	室蘭市
南帯広	北海道	帯広市	帯広市
神楽岡	北海道	旭川市	旭川市
愛国	北海道	釧路市	釧路市
旭岡	北海道	函館市	北海道住宅供給公社
鶴ヶ谷	宮城県	仙台市	仙台市
茂庭	宮城県	仙台市	仙台市
玉川	福島県	いわき市	福島県
筑波研究学園都市	茨城県	つくば市	都市再生機構
十万原	茨城県	水戸市・常北町	茨城県住宅供給公社
板倉	群馬県	板倉町	群馬県企業局
千葉北部	千葉県	船橋市・印西市・白井町	千葉県・都市再生機構
成田	千葉県	成田市	千葉県
南多摩	東京都	多摩市・稲城市・八王子市・町田市	東京都・東京都住宅供給公社・都市再生機構
太閤山	富山県	小杉町	富山県
桃花台	愛知県	小牧市	愛知県
洛西	京都府	京都市	京都市
千里丘陵	大阪府	吹田市・豊中市	大阪府企業局
泉北丘陵	大阪府	堺市	大阪府企業局
金岡東	大阪府	堺市	大阪府住宅供給公社
鶴山台	大阪府	和泉市	都市再生機構
光明池	大阪府	和泉市	都市再生機構
和泉中央丘陵	大阪府	和泉市	都市再生機構
阪南丘陵	大阪府	阪南市	大阪府企業局

都市計画区域の決定と前後するように、多摩ニュータウンの建設計画案を作成していったのは、法人都市計画協会のなかに置かれた南多摩総合都市計画策定委員会だった。この委員会には、建設省、東京都、日本住宅公団から委員が出され、三者の共同作業のなかで、多摩ニュータウンの基本的な枠組みが作り上げられていく。こうして、南多摩総合都市計画策定委員会によるマスタープランの検討を経て、約三千ヘクタールの土地が新住事業によって開発されていくことになる。

委員会での開発計画の検討を終えると、一九六四年五月二十八日、東京都首脳部会議では「多摩新都市建設に関する基本方針」を正式に決定する。これは、六千九百十ヘクタールに及ぶ広大な区域に新住法を適用させ、「新文化都市」を建設しようとするものだったが、そのうち「第一期事

面積(ヘクタール)	計画人口(千人)	事業開始年度
1085	88	1971
161	23	1964
80	15	1966
276	36	1969
110	12	1970
634	61	1971
142	12	1971
415	31	1980
276	20	1980
243	12	1978
110	16	1966
105	11	1969
268	25	1972
54	8	1967
137	12	1974
102	5	1997
144	15	1969
78	6	1998
181	24	1965
94	10	1966
170	13	1981

地区名	所在地	都市名	施行者
北摂	兵庫県	三田市	兵庫県・都市再生機構
明石舞子	兵庫県	神戸市・明石市	兵庫県
有野	兵庫県	神戸市	神戸市
名谷	兵庫県	神戸市	神戸市
新丸山	兵庫県	神戸市	神戸市
西神	兵庫県	神戸市	神戸市
横尾	兵庫県	神戸市	神戸市
西神第2	兵庫県	神戸市	神戸市
神戸研究学園都市	兵庫県	神戸市	神戸市
名塩	兵庫県	西宮市	都市再生機構
橿原	奈良県	橿原市	奈良県住宅供給公社
山陽	岡山県	赤磐市	岡山県
高陽	広島県	広島市	広島県住宅供給公社
鈴ヶ峰	広島県	広島市	広島市
廿日市	広島県	廿日市市	広島県
愛宕山	山口県	岩国市	山口県住宅供給公社
西諫早	長崎県	諫早市	長崎県住宅供給公社
諫早西部	長崎県	諫早市	長崎県住宅供給公社
明野	大分県	大分市	大分県住宅供給公社
一ヶ岡	宮崎県	延岡市	延岡市
生目台	宮崎県	宮崎市	宮崎県住宅供給公社

（出典：小川知弘／塩崎賢明「戦後の大規模郊外住宅地開発と新住宅市街地開発事業の特質に関する研究」「日本建築学会計画系論文集」第623号、日本建築学会、2008年）

業」の約三千二百ヘクタールが多摩ニュータウン区域に該当し、「隣接各都市を結ぶ幹線道路の整備、河川改修及び上水道等の関連事業を行うものとする。なお、別途都心と直結する都市高速鉄道の整備を行うものとする」「おおむね昭和四十五年度完了を目標とする」「経費は、おおむね千四百四十九億円」とすることなどが定められた(11)。

多摩ニュータウン事業決定

ともあれ一九六四年九月二十四日までに関係四市町（八王子市、町田市、稲城町、多摩町）からの同意の回答が出揃い、第一期の開発区域約三千二百ヘクタールの都市計画決定に関する議決が東京都市計画地方審議会に付されることになった。ところが九月三十日に防衛施設庁から稲城町、多摩町にまたがるアメリカ軍多摩弾薬庫（現・多摩サービス補助施設）を事業計画区域から除外するよう要請があり、東京都はその要請を受け入れて、十月二日に区域面積を二千九百六十二ヘクタールに減らして都市計画決定すべきことが議決された。

当時、東京都市計画地方審議会の答申を得てから建設大臣の都市計画決定まで一週間から十日程度が通例だったが、多摩ニュータウンの場合にはそこから一年以上がかかっている。というのも、新住法第四十四条では、新住事業の都市計画決定の前に、建設大臣が農林大臣と事前協議することが定められていたが、この農林省との調整がこじれたからである。

新住法成立に先立つ一九六三年三月十九日、農林事務次官と建設事務次官の間で「法第四十四条の協議を必要とする場合においては、その協議がととのった場合でなければ、法第三条の都市計画決定はしないものとする」[12]との覚書が取り交わされていた。この覚書を受け、東京都市計画地方審議会答申とほぼ同時期の六四年十月二日に、農林事務次官から各地方農政局長と都道府県知事宛てに「新住宅市街地開発事業と農業との調整について」と題する文書が通達され、「都道府県知事は遅滞なく別紙様式の農業関係調査報告書（二部）を地方農政局長（北海道にあっては農林省農地局長）あてに送付する」[13]ことが定められた。つまり、新住事業の協議の際には調査が必要であり、その結果を地方農政局長（多摩ニュータウンの場合には関東農政局長）宛てに提出することが求められるのである。

これを受けて関東農政局長は、東京都首都整備局に対してこの調査要領に基づいた再調査を要求したが、それは関係農家の農業経営に関する意向などを含み、場合によっては現地調査をおこなうことも視野に入れた詳細なもので、通常の一週間から十日間では到底不可能だった。この再調査は、東京都によって翌年三月までおこなわれたが、調査後の協議でも、農業関係者の実態や要望の確認を主張する関東農政局と、都・住宅公団側の意見が折り合わず、調整は難航をきわめた。都市計画地方審議会で議決された計画が速やかに計画決定されないのは異例のことだったという[14]。

結局、再調査の結果がまとまったのは一九六五年十一月二十七日のことであり、東京都知事は関東農政局長宛てに「農業関係状況調査報告書」を提出している。これを受け取った関東農政局長は、そのわずか二週間後の十二月十四日に「やむをえないものと考える」[15]という不本意ともとれる含みを残したような意見を付したうえで、農林省農地局長宛てに提出した。

こうして関東農政局の了承が得られ、一九六五年十二月二十四日に農林大臣の開発に同意する回答を得て、暮れも押し迫った十二月二十八日に建設大臣による都市計画決定がなされたのである。

開発区域内からの農地の排除

さて、多摩ニュータウンの根拠法となった新住法の最大の特徴は、先にも述べたとおり、開発者に対して先買権（土地などを売り主から優先的に買い受けられる権利）と収用権（土地などを強制的に取得する権利）が与えられたところにある。このことによって、計画区域の土地を全面的に買収するという強制的な買収方法が可能になったわけだが、新住法が適用されれば、住民の大部分を構成する農家の土地はすべて買収の対象となり、農地の所有権や耕作権が奪われるだけでなく、農業を継続しようとする農民たちの職業権も否定されることになる。

『南多摩都市計画策定委員会報告書』では、南多摩地域の農業を、「地形や位置から宅地として売れない農地を持っている農家、および転業のできない中高年齢層が農業を行っているもののみが残農業に従事している」[16]と評していた。開発を推進する側は、農業を将来性も発展も見込めない「残農業」と位置づけ、農地を強制的に買収して都市計画を進めることを当然のことと認識していたのである。

東京都首都整備局では、さらに計画案の検討を進め、一九六五年二月には『多摩ニュータウン開発計画1965』と題する報告書を発表した。東京都首都整備局が日本都市計画学会新住宅市街地計画策定委員会に委託して作成したものであり、これによって多摩ニュータウン開発区域の範囲と基本計画が定められることになった。

一九六四年当時、開発計画区域のなかで農地は九百六十ヘクタールで全体の三二％を占めていたが、報告書では、この「経営耕地面積約九百六十ヘクタールは、すべてなくなることになろう」と〝予言〟していた。また、農業の継続の見通しについては、「区域内農家戸数千百四十三戸の九〇％は、開発完了時までに生活再建措置が十分であるなら離農するものと推定される」と述べる一方で、「残りの一〇％の百十五戸も、必ずしもすべて区域内及び区域周辺に居住するとはいえない」と農業の継続を希望する農家に対して、あくまでも農業排除の姿勢に徹した。

先に触れたように、東京都首都整備局が一九六二年から進めていた集団的宅地造成計画で、「田園風致の保存、都市に隣接した森林、農園、緑地等の保存育成には意をそそ」ぐとした開発思想は、六五年にいたって完全に覆り、区域内の農業はすべて排除していくという正反対の結果にいたるのである。

2　開発をめぐる地域社会の葛藤

山林の売却と都市近郊農業への模索

こうして、一九六五年の段階で多摩ニュータウン区域内の農業は否定されることになるが、このような経緯を読み解いていくには、開発者側だけでなく、積極的／消極的の別こそあれ、開発を受容するにいたった地域住民内部の葛藤にも目を向けていく必要がある。

多摩ニュータウンは、多摩丘陵の非常に入り組んだ起伏ある地形の上に作られることになったため、計画区域のうち九〇％は山林で占められ、平地部はごくわずかだった。これらの山林は、家庭用燃料としての炭や薪を供給するためのいわゆる「薪炭林」として機能し、あわせて田畑の肥料にするための堆肥や建築用材なども得られる総合的な資源採取の源でもあった。

ところが、一九六〇年代以降、石油やガスなどの化石燃料が使われるようになり、いわゆる「燃料革命」が起こる。その結果、薪炭の需要は激減し、生産がほとんどおこなわれなくなると同時

写真1　開発前の風景（1966年）
（出典：前掲『多摩ニュータウン開発の軌跡』22ページ）

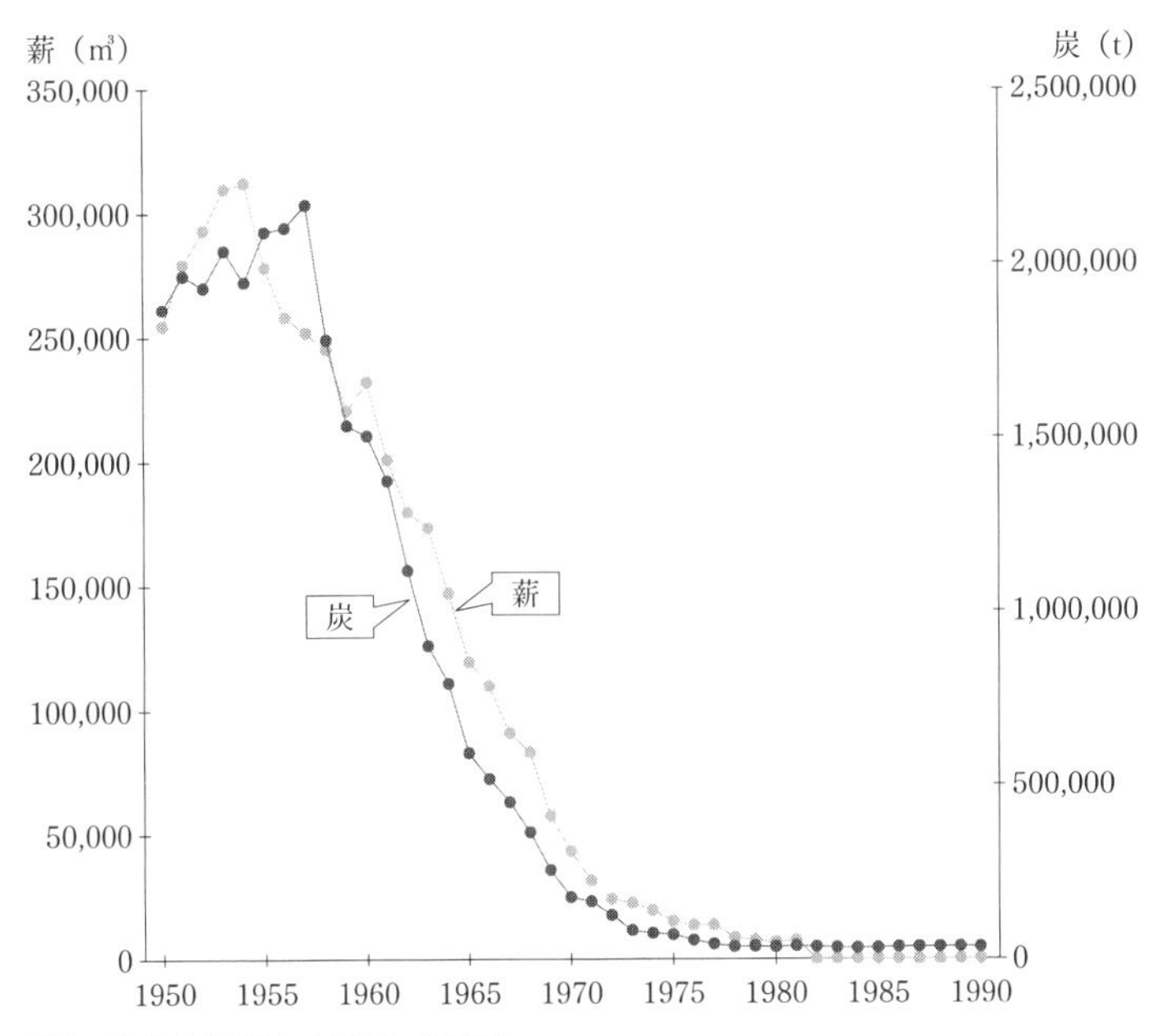

図8　薪炭の生産量（1950―90年）
（出典：総務省『日本長期統計総覧』〔1984年まで〕、総務省統計局『日本の長期統計系列』〔1985年から〕）

に、安価な化学肥料が台頭してきたため、落ち葉を堆肥に利用することもなくなり、薪炭林としての経済価値が急速に低下していく（図８）。薪炭林から得られる資源に依存して生計を立てていた農家にとって、薪炭林を維持していくことは次第に負担になってくるのも当然のなりゆきだった。

このようななかで、地元の農家では開発の噂を聞き、山を手放す者が相次ぐようになる。当時の多摩村落合地区で農業を営んでいた峰岸松三（一九二二年生まれ）は、「山で収入源としていた山地主は先を競うように山を売却していた[17]」と回想する。事実、峰岸が住んでいた落合地区では、一九五九年から七〇年までの十一年間に、山林の実に九八%が売却されている[18]。

多摩ニュータウンの開発は、まさに地元の農家が先行きを案じていたまさにそのさなかに降りかかってきたものであり、それが山林売却へと導くインセンティブにつながったのである。

隣接する八王子市でも、一九六〇年をピークに農家世帯数は減少し[19]、専業農家から兼業農家への転換が急速に進んでいた。五九年から六〇年にかけて東京都農業試験場経営課が八王子市の農家にアンケートを取ったところ、一生涯農業に従事したいという希望をもつ人はわずかに二七・六%にすぎず、兼業希望が一六・三%、転業希望が一五・一%にのぼり、同課では今後兼業農家は増えていくと結論づけている[20]。

また、農家の減少に伴い、農地として維持することができなくなった土地は工業用地や宅地に転用され、転用面積は一九五八年の十八・四ヘクタールから翌五九年には三十六・六ヘクタールと倍増し、六〇年には八十四・六ヘクタールと飛躍的に増加している[21]。さらに、六六年の八王子市農業委員会の調査によれば、農業経営に関し、現状維持を含め営農継続を希望する農家は三三%だったのに対し、経営規模を縮小したい農家は四〇%、やめたい農家が二七%にのぼり、六〇年の段階よりもさらに営農意欲を失う農家が増えていることがわかる[22]。

このように、農業が大きな曲がり角を迎えることによって、開発に依存した地域振興への要望が地元側から出てくることは自然の流れだった。こうして都心部からの住宅進出に対し、十分には抗うことができず、なし崩し的に宅地開発の波を受け入れざるをえなかったのである。

「読売新聞」では、多摩ニュータウン計画区域内の農家(当時三十八歳、八王子市南大沢地区)が直面する苦悩について、次のような記事を載せている。

山林の大半、田畑の一部など所有地の半分を失った。「土地代金のあるいまはよいが先はどうなるのか」と深刻に考え込む。離農してもはたしてこの年齢で就職できるのだろうか。家を建て直したいが、この先とりこわしになるか残されるか……どう考えてもわからない。田倉さんだけでない。ムギ、サツマが植えられていた田畑は耕作することもなく放置され、雑草がはえるにまかせている場合が多い。浮足立ったいま、農業の意欲は消えてしまった。[23]

開発と農業の間で揺れ動き、営農意欲が失われていった南大沢地区の農家の心情が見て取れる。だが一方では、新しい農業経営の道も模索されつつあった。農業の近代化・合理化・選択的拡大を図る農業基本法が一九六一年に公布・施行され、農業機械の導入と利用の促進、畜産の奨励、現金収入をもたらす園芸作物の栽培の促進が奨励されたが、この路線に歩調を合わせるように、若者たちを中心に、椎茸やクリスマスツリー用のドイツトウヒの栽培、暖地リンゴやユーカリ栽培の試験研究などがおこなわれ、畜産でも採卵鶏や養豚の規模拡大が模索されていた。また、特殊林産振興会、酪農研究会、養豚研究会、園芸研究会、農業機械化研究会、営農研究会という六つの農業団体が続々と作られ、営農意欲のある若者たちが新たな農業経営の道を切り開こうとしていた。[24]事実、このころの畜産業は順調な伸びを見せ、野菜の生産も堅調だったという。[25]山林売却が進む一方で、同時に都市近郊型農業への転換と基盤整備を図ろうとしていた時期でもあったのだ。

多摩ニュータウンの〝前哨戦〟

しかし、こうした農業の多角化を目指す動きは、次々と押し寄せる開発の波には抗いようもなく飲み込まれていき、農地として活用されていない山林部にゴルフ場や住宅団地を誘致する動きが活発化する。ゴルフ場開発としては、由木村東中野地区と多摩村落合地区にまたがる府中カントリークラブがその典型例である。

府中カントリークラブは、一九五八年五月ごろから土地を物色し、同年九月に契約にいたるという〝スピード買収〟に成功している。このゴルフ場用地のスピード買収は、地元の土地所有者の協力のたまものだった。買収面積は二十八万坪（約九十二ヘクタール）、買収総額は一億二千三百万円あまりで[26]、土地所有者の手元には大金が舞い込んでつかの間の〝土地ブーム〟に沸くのである。

当時、府中カントリークラブの買収に協力し、地元の土地のとりまとめを担っていた横倉舜三（一九二三年生まれ）は、当時を振り返って、複雑な心境を次のように記している。

当時、私達は薪炭林や落葉などの必要性が少くなっていた山林の一部を売却して、その代金を、農業の近代化へ振り向けようとしたのが府中カントリークラブの誘致につながっていったのである。しかし、それは農業の近代化でもなければ、生産の増強にもつながらなかった[27]。

農業経営の転換点にさしかかっていた時期、この府中カントリークラブの買収によって、土地が現金に換わり大金を手にすることができるという実例が示された結果、土地所有者の間には開発賛成の声が高まることになるのである。

一方、山林部へ住宅団地を誘致する典型的な動きとして、一九六〇年から京王帝都電鉄（現・京王電鉄）によって開発が始まった京王桜ヶ丘団地が挙げられる。京王線聖蹟桜ヶ丘駅の南側に広がる丘陵地約二十三万坪（約七十六ヘクタール）を買収して建設されたこの団地の開発にあたっては、地元自治体である多摩村が積極的に協力している。五七年には、京王帝都電鉄、多摩村、地元地権者の三者からなる多摩村開発実行委員会を発足させ、三者協力のもとで団地建設に取り組んでいた[28]。

多摩村の富澤村長は、「山林の持ち主は自然公園に指定されてもなんの恩恵にもよくしない。また特別地域にしてハイキング・コースができたところで地元の観光収入はゼロにひとしい。生産性の低い山林はどしどし転用した方が村の財政もうるおう[29]」という談話を新聞に寄せ、手放しでの歓迎の様子が見て取れる。

地元自治体にとっては、京王に協力することで、住宅都市として発展していくための基本的な条件が整備されるという旨みがあった。上下水道や都市ガスなどの整備が進み、人口増加による税収の増加、周辺宅地地価の上昇など、複数のメリットが享受できることは当初から想定されていたことだった。

こうした地元にとっての京王桜ヶ丘団地の経験が、多摩ニュータウン計画を受け入れる素地になっていた。まさに多摩ニュータウン開発の〝前哨戦〟ともいえる事態であったのだ。

土地所有者による開発誘致の動き

京王という外部資本に依存することによって開発を図る地元側の戦略と同様の構造は、揺籃期の多摩ニュータウンでも見いだされる。勝村誠によって具体的に明らかにされたとおり、現在の多摩ニュータウン諏訪・永山団地の一部は、当初、山林部への開発誘致として単独に進められたもの[30]であり、あとになって多摩ニュータウン開発計画が上からかぶさったものだったのである。

一九六三年二月、地元の有力な農地所有者から構成される多摩村地主会は、役員五人の連名で、多摩村長宛てに永山地区に日本住宅公団の団地を誘致する旨の陳情を出す。

私達、多摩村岩ノ入乞田、貝取、馬引沢等地区地主約壱百余名は、このたび、所有山林及田、総面積約参拾万坪を取纏めて、この地域の開発を致し、村の振興に役立たせ度いと存じます。

最近、多摩村内の開発は各地域に及び、主として会社、民間の開発が行われておりますが、私達は、都下近郊の住宅地域としては最も適当なる場所と考えて居りますので、村当局の御計をもって出来ますことなら日本住宅公団による国家的な開発を進めていただき度いと存じます。

私達は、この地域の開発に進んで協力し、ここに集中する住民人口を基礎として、従来の農業経営を多角的に改善して必要物資（野菜、鶏卵、肉類等）の供給が出来る体制を整備いたし度いと存じます。尚、この際、この地域の道路の開発に対しても、村当局の御協力をお願ひ申し上げます[31]。

この陳情書が要求するのは、結論としては「日本住宅公団による国家的な開発を進めて」ほしいというものだったが、その理由が「従来の農業経営を多角的に改善」するためとされていたことに注目する必要がある。確かに、当時の有力農民層は、山林や水田を中心に土地を取りまとめ、開発への大きな推進力になっていた。だが、その背景には、農作物の消費者の受け皿となりうる団地を誘致することによって、その開発用地周辺の農地を活用して都市近郊農業への転換を図ろうとする思惑もあった。つまり、農地売却だけが目的だったのではなく、開発を引き込みながら、同時に地域の内発的発展が目指されていたのである[32]。

ところがその後、事態は多摩村地主会の意図しない方向に進んでいく。多摩村の富澤村長は、この陳情を受けてから素早い対応を見せ、半月もたたない二月十九日には、日本住宅公団総裁に対して開発誘致を申し出ている。当時、団地建設に際して各地で反対運動に直面していた日本住宅公団にとって、こうした自治体からの申し出はまさしく〝渡りに船〟であり、これを受けて日本住宅公団では、新住法が施行されていない段階にもかかわらず用地買収を開始し、開発に弾みをつける結果になるのである。

つまり、地元側が農業を続けるために提出した陳情書によって、その後、自分たちの居住地から追い出され、農業ができなくなるという皮肉な結果にいたるのだが、この点については後述する。

3　地域社会での開発の受容過程

先行買収

多摩ニュータウン事業決定の半年以上前にあたる一九六四年五月三日、「多摩丘陵にマンモス団地」という見出しで、次のような新聞記事が出た。

マンモス都市東京の住宅難を解消するため、都は南多摩郡の丘陵地帯七千万平方メートルに人口三十万人ぐらいの〝ニュータウン〟をつくることになり、開発計画を進めている。この計画には地元町村も大乗気なので数年後には立派な住宅都市が実現しそうである。
新都市は南多摩郡多摩町を中心に稲城町と由木村にまたがる多摩丘陵地帯をきりひらき、八万戸三十万人収容の住宅地をつくろうというもの。(略)都はさらに稲城町、由木村などの土地も公団、公社で買収、総面積七千万平方メートルの三分の二を利用して新都市をつくることになっている。このように都が新都市をつくることを思いたったのは、東京の急増する人口を土地のあいている南多摩に吸収しようというのと、最近、多摩丘陵地帯がブローカーに食い荒らされ、このままでは町づくりができなくなるのでこれをうまく押さえようというねらい(33)。

正式決定前の段階にもかかわらずかなり詳しく報道されていることからもわかるように、南多摩丘陵の大規模開発についてはすでに地元では周知の事実となっていた。また後述するように、大規模開発を前提にした民間資本による先行買収も横行していた。

たとえば、八王子市南大沢地区住民の田中武雄は、このことについて次のように述懐している。

ニュータウン計画の話がボツボツ出る前、たしか昭和三十五、六年頃の話だと思うんですけれども、由木村として何か開発について請願、陳情をしたということを、たまたま中学の先輩で村議会議員だった人から聞いた記憶があります。また昭和三十六年頃、南大沢に大手の不動産屋なんかが、土地を買いに来ました。広い面積をそっくり欲しいんだと言って、そういう話が来たんです。それから何年か後に、ニュータウン計画がはっきりしたという話を聞いておりました。[34]

南大沢に「大手の不動産屋」が土地を買いにきた「昭和三十六年頃」というのは、東京都の大規模宅地造成の適地選定調査がおこなわれていた時期と符合するが、その時点ですでに不動産業者による開発が動きだしていたことになる。また、最後の由木村長となった石井栄治も、次のような逸話を残しているが、いずれも「広い土地」「全面買収」という言葉が示すように、民間資本による大規模な開発が想定されていたことがわかる。

昭和三十七年頃だったと思いますが、私と多摩村の村長の富沢さんが、ある大会社の社長さんのお宅に呼ばれまして、何の話かなと思ったら、結局、大沢を全面買収したいから協力してくれと、こういう話なんですね。[35]

一方、各施行者も、都市計画決定を見越してあらかじめ先行買収を進めていた。日本住宅公団は一九六三年十二月二十日から多摩町で先行買収を開始し、東京都住宅局も六四年から八王子市大塚地区を中心に用地買収を開始、六五年三月までに三十二ヘクタールを買収するなど[36]、着々と用地買収を進めていた。

ところが、都議会の一九六五年度三月定例会で、六六年度予算案として計上されていたニュータウン用地買収費の削減を求める付帯決議が、公明、自民両党から出された。地元市町からなる多摩ニュータウン協議会はこの措置に反発し、削減の即時撤回を要求、もし応じなければこれから一切の計画に協力できないとの強硬策に出る。[37]そして実際に同年九月までの半年間、都による用地買収がストップするのである。

揺れ動く地域社会

こうした用地買収の動きに対して、地元住民はどのような意識をもち、どのような対応をしていたのだろうか。

新住法では、事前の地域住民への説明が義務づけられ、地域ごとに説明会が順次開催されていたが（写真2）、事前説明での地元側の反応について、日本住宅公団が発行した『多摩ニュータウン15年史』では、「この当時、地元農家からは農業の経営希望による土地売却の反対姿勢は全く見られず、質問の大半は土地の譲渡価格と取得に関するものであった[38]」と説明されている。この説明からは、地元との意思疎通が十分になされ、地元との合意のうえで順調に交渉が進められていったように解釈できる。ところが、実際には地元住民の認識とは大きな隔たりがあった。一九六五年十一月の説明会に出席した峰岸松三は、そのときの様子を次のように振り返る。

写真2　地元説明会の様子（1966年）
（出典：前掲『多摩ニュータウン開発の軌跡』32ページ）

多摩町役場からは、それまでも此の日にも何んの知らせや立ち会いも無かった。すべて施行者の公団や東京都まかせであり、この年の三月一日号の「多摩広報」に富沢町長が諏訪、永山に団地開発が計画され、六、七月頃に東京都が内容を発表するので、地元要望事項を陳情すべく用意している、とあって、既存地区が全面買収になって、生活再建をどのようにするのかなどは全く地元住民に知らされていなかったのである。渡されたパンフレット本のなかには生活再建の条文はあったが、そのことには一言もふれたり何等の説明もなかった。唯、全面買収が従来からの住宅々地については、実測して三百坪までは優先で譲渡すると説明された。また集団で他の所に移転してもらうとは言ったが、場所は何処になるとの説明はなかった。「全面買収で他所に移転させられる」という事の重大さに驚いて、この時は後の生活をどうするなどは考えになく、エライ事になったと皆が怒っていたが、議員や町役場、部落の指導的立場の者達は、何も先に立ってしようともしなかったのが実情である。[39]

地元自治体からは事前に具体的な内容に関する説明はなく、ニュータウン計画がいきなり降って湧いてきたというのが地元地権者の心情だったようだ。

ところで、新住法が全面買収を前提とした開発手法である以上、新住法による買収は離農の問題と表裏一体だった。したがって、農業継続への見通しや営農意欲などと結び付きながら、地域によって対照的な反応を見せた。八王子市鑓水地区の住民の対応について、宮崎忠二は次のように書き留めている。

都の買取申込に対し、最初は極めて協力的であった。新住法と言う法律に基いて、国や都のやることだ。悪いことではない、大いに協力してやろうという気構えであった。当時地価も低いのでなかなか他の地方のように、土地が高く売れないふ便な山村で土地を現金化するのも困難であった。田舎の貧しい生活から、早く脱皮したい、相模原市方面のように土地も高価で住宅の建替えも続々と出来るのをみて、誰しも金が欲しい、新築もしたい欲望でいっぱいであった。

買取の話をきいて、反対する気持売りたい人の気持みんな各々一理はあるわけで今迄金には苦労してきた田舎の百姓のことだ老い先少ない人達は多くの金をつかんで安心したいといった気持の人で交錯していたと思う。真実は何か行先の分らない不安な気持でいっぱいの状態であった。[40]

一方、八王子市堀之内地区ではまた違った反応を見せていた。堀之内地区住民の小谷田昌弘は、次のように回想する。

当時の私ども堀之内地区とすると、農業でどうにか食べていかれたから、ニュータウンも区画整理も必要ないのじゃないのか、というのが皆さんの考え方だったんですね。将来のまちづくりがどうだというより、とにかく今のところ、これで食べていけるんだから、何も無理に区画整理することないじゃないかというような考え方で反対の第一声を上げたわけです。[41]

この堀之内地区の反対運動についてはのちに詳述するが、これらのことから、多摩ニュータウン開発の受容が地域によって一様ではないことがわかる。

用地買収に対する抵抗

多摩ニュータウンの計画が明らかになった時点から、地元では開発への期待を見いだす農家がいる一方で、農業を続けたいとする農家もあった。早くも一九六六年には、八王子市由木地区で酪農、養豚などを営む農家二十七戸が自力で相模原市に集団で〝農地移転〟している。[42] 移転した農家のほとんどは宅地、農地とも全部買収されることになっていて、すでに第一次買収で平均七〇％から八〇％の所有地を手放していた。そんな折、相模原市農協から同市下九沢地区にある約十四ヘクタールの農地の一括譲渡の話が舞い込み、集団移転に加わる希望者を募って六五年十二月に集団契約したのである。将来も農業を続けたい農家には替え地を斡旋するという都公社や公団の説明とは裏腹に、何の手も打たれないまま買収が始まったことに対する反発でもあった。

一方、請願や陳情という方法で、直接施行者側に向けられた反発も現れる。一九六五年九月一日に東京都議会に提出された八王子市南大沢地区の住民九十人による「八王子南大沢の新住宅市街地開発事業施行に関する陳情」は、「農業補償」「離農ならびに転業」「買収価格（地上物件を含む）」などについて「万全の措置がとられるよう強く要望する」というものだったが、都議会企画総務首都整備委員会へ付託、審議された結果、農業補償をしない方針を打ち出した回答が提示された。[43] この回答は、特定の陳情に対するものではあったものの、東京都の方針をニュータウン区域全域の住民に対して強く示したものでもあった。

こうした施行者側の強硬な姿勢は、地元の反発や不信感を招いた。このときの買収交渉に関して、先の峰岸は次のように振り返っている。

最初は、新住法を土地所有者に全く知らせず、先行買収と言って、委託された不動産会社により、地主が売ってもよいと云う、道路や住宅地から離れた奥地を虫食い状態の如に買い占めていったのであり、買収が既存集落の家周辺に及んで買収が困難になった時に、秘密にしておいた新住法によるニュータウン開発の買収で、区域内は総て全面買収するものであり、反対しても強制収用であるから、早く売った者が得になると、おどかして買収を迫ったのが実情。[44]

農業を続けたいとして農地除外を求める地元地権者による反対運動は、東京都議会や地元自治体の議会に対する請願運動として大きな広がりを見せた（表４）。最初に反対の行動を起こしたのはレタスの特産地化を目指す中柚木清浄蔬菜出荷組合（十八戸）だった。同地区は一九六〇、六一年ごろからレタスの栽培が盛んになり、六一年には都から「清浄蔬菜栽培地区」に指定、六五年には都の農業近代化事業で共同育苗施設を設置・運営するなど、公共農業投資がおこなわれ農業生産力が高い地域だった。栽培者も九〇％以上が三十代で、着実に耕地を増やしているさなかに農地の大部分がニュータウン予定地に含まれることになったのである。[45]ほかの野菜栽培農家なども合流し、こうして六五年四月二十日に中柚木清浄蔬菜出荷組合を中心に、五十人の連名で「八王子市下柚木、上柚木にわたる地域の多摩ニュータウン計画区域より除外に関する請願」を都議会宛てに提出した。これは、既存集落だけでなく、田畑、山林も合わせて除外してほしいというもので、「農業を続け生活を維持するために、土地は売却しない[46]」と強く訴えかけるものだった。

同様の趣旨の請願が、一九六六年六月七日に、八王子市堀之内地区の住民三百二十人から「東京都八王子市（旧由木村）の全地域を多摩ニュータウン開発区域より除外する請願」として提出され

備考
多摩町議会は「南多摩ニュータウンに関する意見書」を東京都などに提出
1975年4月に請願者によって取り下げられ、同年5月に「多摩ニュータウン区域から寺沢地区の集落、農耕地を除外することに関する請願」を再提出

表4　1960年代の新住事業区域からの除外を求めた陳情・請願

提出	件名	提出先
1965年9月	八王子市下柚木、上柚木にわたる地域の多摩ニュータウン計画区域より除外に関する請願	東京都議会
1965年9月	八王子南大沢の新住宅市街地開発事業施行に関する陳情	東京都議会
1965年9月	八王子市由木地区の新住宅市街地開発事業施行に関する陳情	東京都議会
1965年10月	新住宅市街地開発法による多摩総合開発計画中稲城町坂浜地区除外に関する請願	東京都議会
1965年10月	新住宅市街地開発法に基づく南多摩総合開発区域編入に関する請願	東京都議会
1966年2月	南多摩ニュータウンに関する請願書	多摩町議会
1966年3月	南多摩ニュータウン計画実施に関する請願	東京都議会
1966年4月	八王子市下柚木、上柚木にわたる地域の多摩ニュータウン計画区域より除外に関する請願	東京都議会
1966年6月	東京都八王子市（旧由木村）の全地域を多摩ニュータウン開発区域より除外する請願	東京都議会・八王子市議会
1969年5月	南多摩ニュータウン第19住区全域を新住宅市街地開発区域より除外することについて（陳情）	八王子市長

（出典：大石堪山「請願運動からみた都市問題としての農業・農村問題――多摩ニュータウン開発におけるいわゆる「第19住区問題」の意味するもの」〔「総合都市研究」第12号、東京都立大学都市研究所、1981年〕および多摩市史編集委員会編『多摩市史 資料編4 近現代』〔多摩市、1998年〕をもとに作成）

ている。もっともこの請願は、標題こそ「八王子市（旧由木村）の全地域」とされているものの、実際には「東中野〈字〉谷津入堀之内〈字〉寺沢、芝原、引切、越野」と例示されているとおり、南大沢や上柚木、下柚木、遣水などを含むものではなかった[47]。そしてこの地域こそが「多摩ニュータウン19住区」と呼ばれる地域を構成し、のちに激しい反対運動を展開していくことになるが、この点に関しては後述する。

一九六六年二月七日、多摩町議会に提出された「南多摩ニュータウンに関する請願書」では、四百十三人の地権者の署名が添えられ、次のように主張した。

> 然るに施行者の日本住宅公団の買収計画の説明によれば、点在する住居は勿論、集落についても全面買収で、しかも移転離農等に対する補償についても周到な配慮がなされているとは認めがたいので、関係者過度の不安におそはれて居る次第であります。
>
> ここに至り、私達は慎重に協議をかさねた結果、あらためて集落（点在する住宅を含む）及其の周辺の土地並に主要農耕地を計画から除外する事を強く要望する事に決しました[48]。

つまり、集落と主要農耕地をニュータウン区域から除外することを強く求めたのである。

この請願を二月二十一日に採択した多摩町議会では、「南多摩ニュータウンに関する意見書」を東京都など関係機関に提出した。この意見書では、「計画区域内を安住の地としている現住民を犠牲の下に、新しい住宅施策を実行する如きは、住宅政策の本末を転倒するものと考えざるを得ない」という、新住事業のあり方そのものに対する根本的な疑義を表明しながらも、最終的な要求としては、①既存集落を計画予定地から除外すること、②用地の買収にあたっては公平な評価を望む[49]、という二点にとどまるものだった。

つまり、地権者側から出された、集落と主要農耕地の計画除外という要求に対し、集落の計画除外だけが採用され、主要農耕地については切り捨てられる結果になったのである。農耕地の計画除外という要求は、後述するように、その後の計画の見直しでも取り上げられることはなかった。

土地区画整理事業との併用へ

このような計画除外の声が高まるにつれて、東京都では、新住事業だけでの計画を見直そうとする動きに転じていく。現地の用地買収に従事した東京都や日本住宅公団の担当者をはじめ、地元自治体との連絡調整などによって地元住民の強い意向を知っていた関係者の間では、そもそも既存集落の部分を全面的に買収することは不可能であり、買収区域から除外せざるをえないという意見が有力になっていたという[50]。

こうした地元の強い抵抗に押される形で、東京都は、日本住宅公団や建設省を加え、この問題に関する協議を開始する。だが、集落部分を新住区域から除外すれば、その集落部分の河川改修や街路築造、下水道整備などが暗礁に乗り上げることになるのは明らかであり、この問題を表面上解決するためには、土地区画整理事業との併用という選択肢しか残されていなかった。さらに、東京都に先立って造成工事に乗り出していた日本住宅公団にとってみれば、既存集落の河川改修、街路築

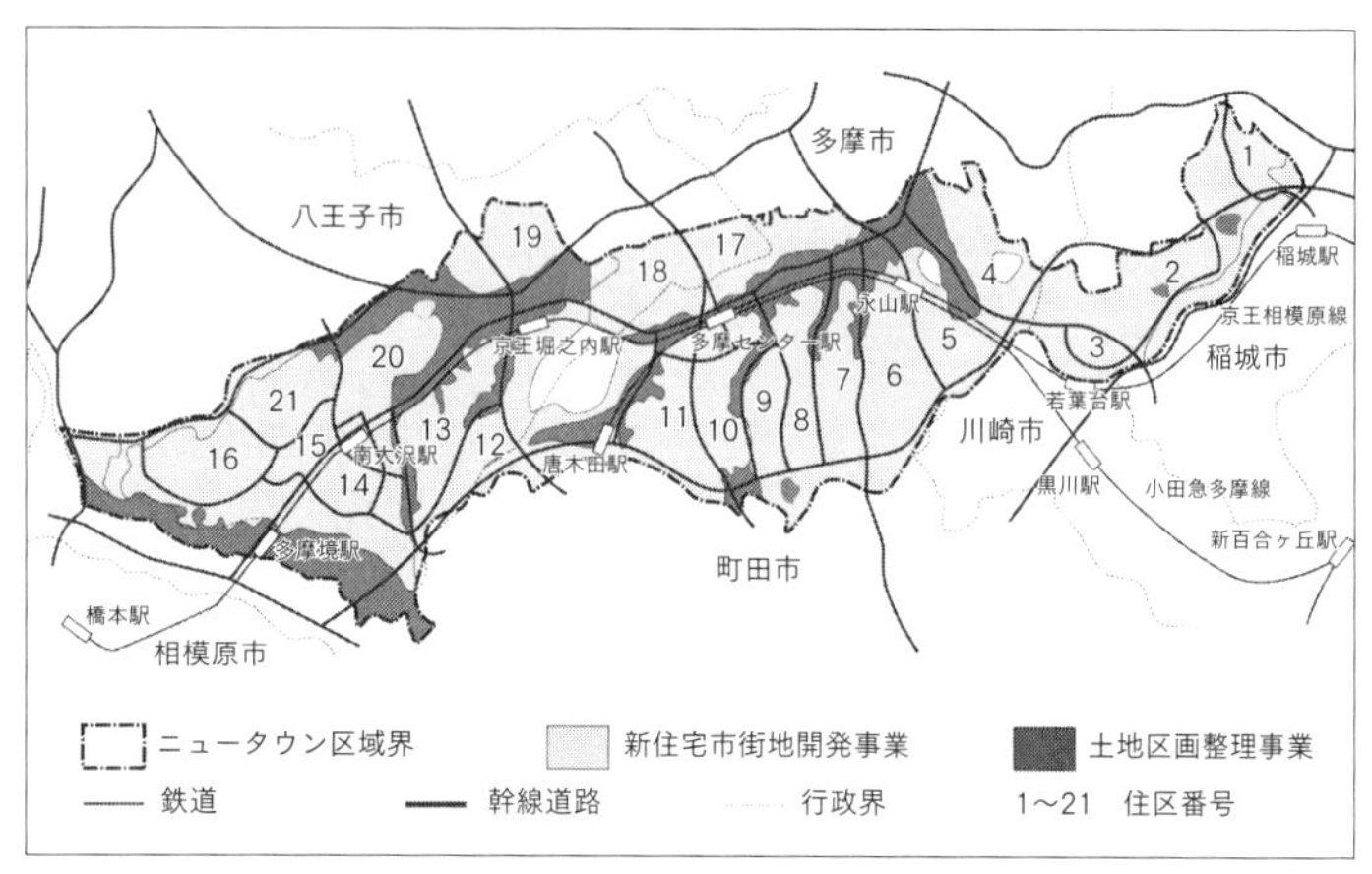

住区番号
1：向陽台　2：長峰　3：若葉台　4：聖ヶ丘　5：諏訪　6：永山　7：貝取
8：豊ヶ丘　9：落合　10：落合　11：鶴牧　12：別所　13：別所　14：南大沢
15：南大沢　16：鑓水　17：愛宕・鹿島　18：松が谷　19：堀之内　20：下柚木　21：上柚木

図9　多摩ニュータウン開発手法別開発図
（出典：住宅・都市整備公団南多摩開発局『多摩ニュータウン事業概要』住宅・都市整備公団南多摩開発局事業部事業計画第一課、1997年、24ページ）

造、下水道整備などをほかの工事に先行させて急がないと、丘陵部の本格的な造成工事にも支障をきたすことになるため、早期の決着を東京都に迫っていた。(51)

その結果、東京都は、既存集落部分約二百十ヘクタールについて計画から除外し、その区域に東京都が区画整理事業をおこなうという方針を固め、一九六六年十二月二十四日、新住事業区域の変更と区画整理事業施行区域の都市計画決定がなされる（図9）。計画告示後わずか一年たらずの計画変更だった。

だが、ここで注意しなければならないことは、そもそも地元地権者が要請していたのは計画区域からの除外であり、区画整理事業を望んでいたわけではなかったということだ。つまり、先に触れたように、施行者側が主張する「集落部分の除外」と、地元側が要望する「主要農耕地の除外」とはまったく異なるものであり、全面買収方式と農業存続との矛盾の解決策として導入された区画整理事業には、ニュータウンのなかに農地を残すという発想はなかったのである。そして地元地権者側も、区画整理事業に変更するといっても、ニュータウン計画区域内で営農継続が困難になるという状況には変わりがないことに気づくようになる。さらに、新住事業によって丘陵部を買収されたうえ、区画整理事業によって街路・河川整備部分の用地確保のための減歩（げんぶ）（宅地面積が開発前よりも減らされること）に対する不満も募らせていた。

そのため、区画整理事業への修正が決定してしばらくすると、今度は区画整理事業に反対する請願署名運動が繰り広げられることになる。たとえば一九六七年五月六日には、「多摩地区区画整理反対に関する請願書」が七百五十八人の署名を添えて提出されているが、[52]ここで表明されていたのは、「当地住民には何んの説明もなく、勿論賛否等の件も全く無視して決定されたこと」への批判を前提にしながら、「地域総面積の七％しか残っていない住民所有地内に、河川、主要道路、鉄道敷、及び其の他の公共用地まで減歩で進める」という開発手法そのものや、「休農及びその不利に関する損害処置等」が示されていないことへの批判であった。

この請願を採択した多摩町議会では、八月三日に「多摩地区区画整理事業実施に関する陳情」をまとめ、都知事をはじめ関係機関に提出する。[53]ところがこの陳情書では、公共減歩の圧縮や補償の充実、休農対策などを要求する一方で、「この地域の区画整理の必要性は充分理解する」と区画整理事業に対する理解を示すという、歯切れが悪い表現に落ち着く結果になった。

一九六八年九月、この事業施行にあたって東京都が事業計画案を関係地権者に縦覧したところ、四百七十人の地権者から三百七十通もの意見書が寄せられるほどの抵抗にあっていた。[54] しかし、この時点ではすでに多摩ニュータウンの開発事業の進行状況からして、全面的な見直しは現実的に不可能な状況にいたっていた。東京都市計画地方審議会は、これらの意見書を不採択とし、その後、こうした反対運動は沈静化していくことになる。

用地取得の〝成功〟要因

こうして反対運動を沈静化させた施行者は、その後も用地買収を精力的に進め、比較的短期間のうちに用地を取得していく。では、施行者がどのようにして用地の取得を〝成功〟させたのか、その要因について考えてみたい。

まず、施行者側の〝戦略〟に関しては、第一に、先行買収が比較的順調に進展していったことが挙げられる。先に述べたとおり、日本住宅公団では、都市計画決定の二年前の一九六三年十二月から用地の先行買収を開始していた。東京都住宅局でも、六四年十二月から用地買収に乗り出している。特に、日本住宅公団施行分の第一次買収区域（第5・第6住区の一部。現在の多摩市諏訪・永山地区）に関しては、六三年度中にすべてを完了するという驚くべきスピードで買収が進んでいた。[55]

特筆すべきは、まず「山を売ってほしい」[56] という用地買収交渉を先におこない、比較的買いやすい山林部分の買収を先行していたことである。たとえわずかでも土地を売ったという経験は、農家にとって買収に対する抵抗を弱めさせる役割を果たした。このことは、地域社会に混乱をもたらし、地域の結束力を崩れさせる原因にもなっていった。

地元住民が集落と主要農耕地の計画除外を求めて一九六六年二月に「南多摩ニュータウンに関する請願書」を提出したときにも、「議会を通し施行者に請願されたが、その回答はなかなか地元住民には示されず、陰では買収が進んでいた」[57]と記されるように、買収の進展のスピードは地元住民の想像をはるかに上回り、後戻りができないと認識させるほど進められていたのである。

第二に、途中で土地区画整理事業との併用方式へと計画が変更されたことが、農民の新住事業に対する反発の方向性を拡散させる役割を果たした。実際には、農家からの基本的な要求である営農継続という本来の目的からは隔たりがある措置だったものの、全面買収から除外されたことで用地買収への抵抗感を薄めさせる効果をもたせるという「より複雑で、より巧妙」な離農促進策だったのである[58]。

第三に、買収交渉にあたって、税の優遇措置を強調する一方で、土地収用法の存在をちらつかせるという「アメとムチ」を巧みに使い分けていた。「公共用地の取得に関する特別措置法施行令の一部を改正する政令」（一九六五年四月五日）により、一九六五年度に地権者が土地を売り渡した場合には、一世帯あたり七百万円の譲渡所得税の控除を認めるなど、税制上の優遇措置が設けられた。ところが、この措置を逆手に取り、公団の担当者が「年度が過ぎると控除資格を失って所得税を多額納税になる」[59]と説得して売却を迫っていたこともあったという。さらに、六七年九月には、居住地部分について生活再建措置として三百坪（約九百九十平方メートル）まで等面積の区画を優先分譲するという措置も決定する。このような優遇措置を講じながらも、施行者側は、営農希望の農家に対して、当初からの生活再建措置によって商業に転業するよう誘導し、それでも土地を売ろうとしない農家には土地収用法を適用させたのである。

一方、こうした施行者側の〝戦略〟に呼応する形で、地元側にも開発の受容を促進させる条件が備わっていたことも見逃すことができない。第一に、京王桜ヶ丘団地の開発のときと同様に、多摩ニュータウンに関しても、地元自治体、特に多摩村が全面的に協力していた。村域の大半が丘陵地で占められていた多摩村では、当時多くの自治体が積極的に取り組んでいた工場誘致も思うように進んでいなかった。京王桜ヶ丘団地の開発に刺激され、都心から三十キロという地の利を生かして住宅開発に活路を見いだそうとしていた矢先に、多摩ニュータウンの計画と接したのである。こうした地元自治体の積極誘致の姿勢が、用地買収を容易に実現させることにつながったと考えられる。

第二に、地元地権者のなかでも、開発に対応した農業経営の展開という見通しをもっていた有力地主層や、開発に期待する農民が現れていた。京王桜ヶ丘団地や府中カントリークラブに土地を売ったことで農家が現金を獲得している様子を見聞きするにつれ、土地を売ることに対する抵抗感が薄れていき、「開発待望論」とでもいうべき雰囲気が漂っていたこともまた確かである。

実際、耕作規模が大きく、山林農地をもてあましぎみの有力地主層や、逆に耕作規模が小さく、早くから兼業化が進み、農業に先行きを見いだせない零細農家には、開発に対する期待感も広がりつつあった（第5章を参照）。多摩村諏訪・永山・貝取地区で、先を競うように山林を売却し、一気に用地買収が進展していった経緯を考えると、いかに多くの農民が協力的な姿勢を見せていたかがうかがえる。その一方で、優良な農業経営を展開し、営農意欲を強くもっている農家は、有力層と零細層にはさまれて、少数派に転じていかざるをえなかったのである。

４　開発による地域産業の変容

離農者に対する生活再建措置の実態

新住法では、土地収用権の付与と引き換えに、施行者には「土地を提供したため生活の基礎を失うこととなる者」に対して「住宅のあっせんその他」の生活再建措置を講じることが義務づけられていた（第二十条）。

一九六五年十一月十六日に定められた「南多摩新住宅市街地開発事業に伴う土地等の提供者の生活再建措置に関する要綱」（以下、「生活再建措置要綱」と略記）には、「施行者は、協力者のうち営農継続希望者で代替農地を希望する者に対して、個々に実情を調査のうえ客観的にみて真にやむをえないと認められるときは、農地の取得についてできるかぎりあっせんに努める」（第五条）[60]と明文化されていた。

この要綱は、先述の建設大臣と農林大臣の協議が紛糾した後ようやく同意にいたった際に交わされたものである。農林省との合意にいたる四日前の一九六五年十一月十二日、農林省関東農政局からの照会に回答する形で、日本住宅公団が農林大臣宛てに「南多摩新住宅市街地開発事業に関連する農民の生活再建のための措置について」という文書を提出している。こうした文書のやりとりを

表5　農業経営に対する意識

農業志向			農業から完全に離れるつもり	その他
どうしても農業を続けたい	一部にしろ農業を続けたい	農業を続けたいができないのでしかたがない		
4.2%	20.2%	42.7%	25.9%	7.0%
67.1%				

（出典：日本住宅公団南多摩開発局『多摩ニュータウン生活再建対策調査研究』日本住宅公団南多摩開発局、1971年、45ページ）

前提に、農林省との協議が決着に向かったものと考えられるが、そこでは日本住宅公団が次のような措置を講じる用意がある旨を伝えている。

営農希望者で代替地を希望する者に対しては、地区周辺には現状として不可能であるので、都内及び近県において農業生産上の立地条件が著るしく相違しない土地のあっせんにできる限り努力する。[61]

これらの経緯から、営農希望の農家に対しては代替地の斡旋が可能であり、それが生活再建措置の一つの柱にさえなっていたと理解することができる。

では、営農希望の農家はどの程度だったのか。一九七一年五月二十日から六月十四日の期間で、日本住宅公団は、公団施行区域内に土地を有する農家四百八十戸のうち、専業農家および第一種兼業農家の生活再建対象農家の動向を調査し、『多摩ニュータウン生活再建対策調査研究[62]』としてまとめたが、そのなかで、農業経営に対する意識について表5のような結果が得られている。これによれば、

「農業から完全に離れるつもり」と答えた農家は二六％程度にすぎなかった。なお、「農業を続けたいができないのでしかたがない」という回答は、この報告書によれば「農地が残りはするが、それだけの農地では、農業だけではやっていけないということであり、兼業にならざるをえない場合」と説明され、実際には「できないのでしかたがない」と諦めながらも「農業を続けたい」という意思をもっていたと解釈できる。つまり、全体の六七・一％の農家は何らかの形で農業を継続する意思を示していたのである。

クワからレジへ

多摩ニュータウン

転業農家　無我夢中の一か月

まだ「やや赤字」でも——利益三百万円めざす

図10　農家の転業を伝える新聞記事
（出典：「読売新聞」1971年5月2日付）

しかし、実際におこなわれた生活再建措置は、こうした農業継続の意思を完全に切り捨てるものだった。残された農地で農業を継続しようとする農家に対する措置も、「農業相談」「関係図書貸出し」(63)というまったく名目的なものに限られ、代替農地を強く希望した農家にも斡旋は実施されなかった。

生活再建措置を謳った新住法第二十条（当時）では、代替農地の斡旋については「申出があった場合においては、事情の許す限り」という注釈が付いていたし、

「生活再建措置要綱」でも、「客観的にみて真にやむをえないと認められるとき」と、あくまでも例外的措置であることが強調されていた。施行者の任意であることが暗に示されていたのである。

このような制度的根拠を背景としておこなわれた生活再建対策の中心は、農業から商業への転業を誘導することであり、団地内商店への出店を優先的に斡旋するだけだった（図10）。日本住宅公団が、一九六八年六月から全生活再建対象世帯を戸別訪問して生活再建意向を聴取したところによれば、商業などの営業希望世帯が百九十八戸（四一％）に及んでいるが、[64] これは農家が積極的に望んだのではなく、生活再建対策が商業への転業者に対してしか有効な便益を与えていないことを示すものである。[65] したがって、ここでも農地の取得への配慮は見られなかったのである。

「無産業地帯」化のその後

多摩ニュータウンは、広大な農村地帯の農業を破壊し、結果的に住宅とその関連施設で埋め尽くされることになった。つまり、ニュータウン全域が居住機能に特化した街に再編成されたことによって、農業だけでなく商業・工業などほかの一切の産業を完全に欠いた、いわば「無産業地帯」[66] に一変する結果になったのである。

地元自治体にとっては、いくら住宅が立ち並んで人口が増えたとしても、企業や事業所の立地ができなければ、法人住民税などの安定的な税収の確保に結び付けることができない。財政的に自立するためには、多摩ニュータウンのなかに業務施設を誘致することによって法人課税への道を開いていく必要があるが、多摩ニュータウンの根拠法となっている新住法は、住宅地の大量供給を目的としているために、住宅以外の立地には制約があり、業務施設の立地を実現させるにはかなりの困難が待ち受けていた。

しかし、地元自治体の多摩市では業務施設の立地に向けて運動を展開していく。すでに一九七三年の時点で、多摩市議会では、建設大臣や都知事に意見書を提出し、職住近接の実現を求めて新住法の改正を要請するなど、積極的なはたらきかけをおこなっていた。(67) こうした運動が実り、八一年に生活関連業種を中心とした無公害型の施設だけを誘致する「サービスインダストリー地区」が設定される。

だがこの措置は、新住法が定める制限を、条例によって緩和するという苦肉の策によって生み出されたものであり、新住法そのものに手を加えるものではなかった。結局、多摩ニュータウンで業務施設の立地が実現するのは一九八六年のことであり、このときの新住法の改正によってはじめて区域内に「特定業務施設」の立地が可能になったのである。

ただし、そもそも土地収用権を付与してまで土地を確保し、新規の住宅地を建設するという新住法の趣旨に照らせば、当初の住宅地という目的以外のものを立地させるためには相応の理屈が必要になる。そのため、この「特定業務施設」には、「居住者の雇用機会の増大及び昼間人口の増加による事業地の都市機能の増進に寄与し、かつ、良好な居住環境と調和するもの」（第二条）という条件がついた。いずれにせよ、この改正によって多摩ニュータウンでの企業誘致がようやく可能になったのである。

こうして多摩ニュータウン内で新しい産業を育成する素地ができたことになるが、この時点にいたるまでの経過は、「無産業地帯」を作り出してしまった新住法による開発のゆがみを矯正するプロセスであったことを示している。そしてその矯正には、都市計画決定から実に二十年の歳月を要してしまったのである。

5　開発と農業の共存をめぐる運動

ところで、用地買収をめぐる地元農民の反対運動とその沈静化については第3節で取り上げたが、一方で、少数派になりながらも根強い運動を続け、新たな地平を切り開いていった取り組みもあった。それは、「開発と農業の共存」というきわめて重要な課題を提起しながら、長期間にわたって激しい攻防が繰り広げられた運動であった。

その舞台となったのは八王子市堀之内地区の「多摩ニュータウン19住区」であり、そこでは、当事者としての酪農家たちだけでなく、運動を支える広範な支持層を外部に獲得しながら、自然保護やまちづくりとも結び付いた市民運動へと発展していったのである。

そこで本章の最後に、この19住区での開発と農業との共存を目指した取り組みについて詳しく取り上げておきたい。

19住区における反対運動の始まり

もともとこの地域は、明治期から酪農経営がおこなわれていた多摩地域の「酪農発祥地」として知られ、一八九二年（明治二十五年）に井草甫三郎によって酪農が導入、振興されたことに始まる。一九七〇年の段階で、十三戸の専業農家が搾乳牛二百三十頭、肥育牛二百頭、生育牛七十頭を飼育、さらに一戸平均一ヘクタールの田畑を耕作するという優良な営農状態にあった。しかも、畜産に熱意を燃やす若者も多く、農業経営への意欲が強い土地だった。[68]

写真3　19住区に残る酪農地帯

ところが、一九六五年の多摩ニュータウン事業決定の際に、この地域が19住区予定地として新住宅市街地開発事業区域に組み入れられたため、農業継続を求めて全面買収反対の運動が始められていくのである。

まず、一九六六年六月七日に全面買収区域からの除外を求めた請願を東京都議会に対して提出しているが、それが第3節で触れた請願書である。続けて、六九年八月にも同様の請願書を東京都議会に対して提出している。[69]

東京都住宅供給公社が用地買収を担当していた19住区では、一九七三年十二月から本格的に買収に乗り出し、七五年度までの三年間で約六五％の買収を完了していた。この間、19住区の酪農家からは東京都議会と八王子市議会に対して毎年のように繰り返し請願が出されていた。[70]しかし、こうした運動も、審議未了もしくは継続審査が続き、それに対して再請願を繰り返すという形で、十五年間、事態が進展することはなかった。
一方、用地買収が進展したことによって、19住区内の組織的結合は徐々に崩れ始めていった。「ニュータウン計画賛成側にまわる人達、農業経営者追い出しの全面買収絶対反対の酪農業者達、それらの中間にあって傍観者的態度をとる人達」といった立場の異なる人々が登場することによって、地主や居住者の組織も内部分裂を起こし、買収反対派はついに酪農家に限定されるほど縮小するのである。[71] ところが、内部分裂の結果、逆に酪農家の強い結束を生み、酪農経営のいっそうの充実を図るとともに、世論に訴えるという幅広い住民運動へと拡大・発展していくことになる。
まず、この問題は東京都職員労働組合経済支部によって取り上げられ、労働組合と農業者との「共同闘争」として展開していく。そのきっかけは、一九七五年二月二十二日に立川市の多摩社会教育会館で開催された「東京の農林漁業を守り発展させる研究集会」だった。この研究集会は、都職労経済支部が中心になり、全農林東京都本部、全農協労連東京都本部、東京都教職員組合、東京都高等学校教職員組合、東京都農業青年クラブ連絡協議会なども加わって組織された「東京の農林漁業を守り発展させる研究集会実行委員会」によって開催されたもので、当日は約千五百人の参加者のもとで、十七の分科会に分かれて熱心に討議がおこなわれた。その分科会に19住区の酪農家が参加し、実情を訴えかけたのである。[72]
その後、都職労経済支部は、一九七五年八月に御岳でおこなわれた自治研集会に三人の酪農家を正式招請し、酪農家たちは19住区問題の解決に向けて協力を求めた。[73] その結果、九月二十五日に都職労経済支部が五十数人による現地調査をおこなったうえで、十二月六日、美濃部亮吉都知事宛てに「多摩ニュータウン計画19住区地区の農業経営の存続と自然環境を生かした豊かな都市づくりのための要請」を提出し、「酪農をはじめとする農業者の経営を存続することができる環境を保持すること」「すでに買収した当地区山林を貴重な自然として位置づけ、都有林として確保すること」「多摩ニュータウン全域を生活環境と調和させた計画とすること」を求めたのである。(74)

酪農継続を求める運動の広がり

19住区の酪農家たちは、広く世論に訴えるべく広範な活動を開始し、外部組織との連携を画策していた。それは、都職労との共闘であり、さらには日本共産党との提携という選択だった。一九七六年一月十七、十八日の二日間、日本共産党都議会議員団と都職労経済支部との合同現地調査がおこなわれる。(75)その成果は、後述するように、のちに「多摩ニュータウン開発を考える都民会議」の結成、現地では農民自身による「多摩ニュータウン地区の酪農と農業を守る会」の結成につながっていくのである。

都職労経済支部では、「東京の農林漁業を守り発展させる研究集会実行委員会」の結成へと動きを進め、まず一九七六年六月三日、美濃部都知事宛てに「東京の農林漁業を守るための多摩ニュータウン計画区域内（八王子寺沢地区）の酪農を存続させる要請書」を、七千人を上回る署名とともに提出する。(76)さらに六月八日には、実行委員会主催による「酪農民を励まし多摩ニュータウン開発を考える6・8集会」が堀之内集会所で開かれ、十四団体から約六十人が参加した。若い農業後継者でつくっている八王子みどりの会や東京都学農青年連盟らが参加し、①地元農家を中心に多摩ニュータウン地域の農業を守る組織をつくる、という二点が確認され、「多摩ニュータウンに多少でもかかわりと関心をもつ農民、市民、学者、自治体職員などを結集し、そのなかから多摩ニュータウンのもつ問題点をあらい出し、開発の見直しと再検討を求める運動を発展させる」[77]というアピールを採択するのである。

ところで、この「6・8集会」に参加していた八王子みどりの会と東京都学農青年連盟は、すでに請願運動として19住区問題に関わっていた。一九七五年九月十二日、八王子みどりの会会長・鈴木俊雄、東京都学農青年連盟会長・加園良雄の代表連名で「多摩ニュータウン計画の全面買収区域から下・中寺沢地区を中心とする集落、農耕地除外に関する請願」がほか百三十九人の連署とともに八王子市議会に提出されている。[78]この請願は、「区域内農民の生活圏及び職業の自由を強奪しようとする一方的独断的な態度に強く抗議し」と、強い文面によって主張するとともに、若い農業者が意欲的に経営の充実を図り、模範的な酪農経営をしている地域の生活基盤を守るために「地域農民が一致団結し、ニュータウン建設計画に組み込まれることを反対し続けてきた情熱に対し、同じ農業に生きる者として強い共感と感銘を深く受ける」[79]と、その活動に対する共感を表明していた。こうして、当事者としては限られた酪農家だけの運動となりながらも、外部の支援者を幅広く獲得しつつ、活動の裾野を広げていったのである。

一方、「6・8集会」は、現地で「多摩ニュータウン地区の酪農と農業を守る会」を生み出した。呼びかけ人代表は、先述の研究集会に参加した酪農家の一人で、これらの運動を主導してきた鈴木昇であり、一九七六年七月十七日に結成された。その趣旨は、「私たちにいま求められているのは、このような全国の教訓から農業者がお互いに団結して力を一つにして多摩ニュータウン地区でも酪農と農業をつづけられる条件をかちとるために運動をすすめることです」というもので、団地居住者も参加して消費者の立場から声援の手を差し伸べた。つまり、酪農家自身が当事者として運動に関わり、農業を取り入れた形での開発を提言するとともに、都市居住者との共生の道を探り始めたのである。[80]

酪農集約区域の設定へ

「6・8集会」は「守る会」を生み出す一方で、その「守る会」の運動を支援し、都民的運動に発展させる組織をも生み出した。それが「多摩ニュータウン開発を考える都民会議」である。一九七六年七月五日に準備会が発足、七月二十九日に国鉄労働会館で二百人の参加を得て正式発足し、事務局は都職労教育庁支部に置かれた。代表世話人は、廣井敏男（東京経済大学助教授）、鈴木昇（酪農家、多摩ニュータウン地区の酪農と農業を守る会）、浅海忠（都職労教育庁支部長）の三人で、そのほか十九の加入団体があった（結成時）。「都民会議」は「守る会」と共同歩調を取りながら運動を進めていくことになるのである。[81]

「都民会議」は、準備会が発足して一週間後には、すでに「多摩ニュータウンを都民の手に」という機関紙を発行、ニュータウン開発が抱える矛盾や西部地区開発計画の問題点などを提起するとともに、一九七六年九月十七日に「多摩ニュータウン開発に関する当面の要望」を、翌七七年四月十二日には「多摩ニュータウン西部地区開発計画に関する公開質問状」を、それぞれ美濃部都知事宛て提出している。こうした運動がさらに拡大し、七八年十月十四日、都職労経済支部、全農林労組都本部、全農協労連東京都本部、多摩ニュータウン地区の酪農と農業を守る会の四団体による多摩社会教育会館での「東京の農林漁業を発展させる都民のつどい」開催を経て、七九年九月二十二日の「東京の農林漁業を発展させ豊かな都民生活をきずく連絡会」の結成にいたる。[82]

このようななかで、舵取り役の東京都南多摩新都市開発本部がようやく動きだしたのは一九八一年に入るころからであり[83]、同年八月十九日、牧場と住宅が共存可能なマスタープラン一次案が提示された。このプランは、19住区内の北側の一角に四・七ヘクタールを酪農用地として確保、新住法の保留地扱いとして住宅建設は見合わせたうえで、ここに酪農家を集めようというものだった。[84]

八王子市からは、「19住区の事業化にあたっては、今後とも引き続いて酪農の継続を希望している人たちを、現在の酪農経営に供している用地規模を確保のうえ、一定の区域に集約すること[85]」という要望書が出され、東京都では、この要望書に沿って第一次案を再検討した。一九八二年二月十五日には、第二次案として酪農用地六ヘクタールを市街化調整区域にするという、いわゆる「逆線引き」の修正案を市議会に提示した。また、悪臭などを防ぐ公害対策、近代的畜舎の建設については、公害防止資金貸付制度や農業近代化資本制度の適用を受けられるよう関係機関にはたらきかけるという内容も含まれていた。[86] あわせて、八七年三月一日をもって、東京都住宅供給公社に代わり住宅・都市整備公団が施行者となった。

こうした方針案で住民との合意も得られ、一九八三年八月二十八日に「19住区の取扱方針」についての知事の決定をみる。[87] 19住区内の四・四ヘクタールを酪農集約区域として設定し、酪農を継続することを希望する人々をその区域に集約したうえで、新住事業区域から除外し、市街化調整区域に編入することになり、八三年二月に都市計画変更、三月に事業承認を得るのである。

開発と酪農が調和したまちづくりへ

こうして、一九六〇年代後半から積み重ねられてきた酪農存続に向けた運動は、着実に成果を上げながら実現に近づいていったが、次に直面した課題が、開発のなかに酪農をどのように位置づけ、双方の折り合いをつけていくかという具体的な方策についてであった。そこでは、単なる農業継続だけにとどまらず、市民運動と積極的に結び付きながら、自然保護活動やまちづくりにも射程を広げ、新たな地平を切り開いていくことになるが、以下ではその後の展開について概観しておきたい。

事業承認からおよそ半年後の一九八三年十月四日、東京都南多摩新都市開発本部は、東京都畜産会に対し「19住区の新住宅市街地開発事業と酪農との調和を図るための方策を検討すること」を目的に計画策定を委託した。東京都畜産会では、農業経済学者の和田照男（東京大学教授）を委員長とする「多摩ニュータウン19住区酪農調査委員会」を組織して調査にあたった。委員は、酪農業、自然環境、都市計画、地理学、土壌という分野から構成され、19住区問題に取り組んできた農業地理学者の大石堪山（都立大学助教授）や、「多摩ニュータウン開発を考える都民会議」にも関わっていた植物学者の廣井敏男（東京経済大学教授）、八王子自然友の会から畔上能力らが名を連ねた。[88]

この調査の前提に、「地元住民を含めた地域づくり――酪農、農耕地を残し、集落としての地域環境の保全と開発のあり方——のイメージを、この調査に関連する機関及び地元関係者とで創りだし、共通のものにし、計画への合意づくりを進めること」が据えられていたとおり、施行者側も、開発の合理的遂行だけを目指していたのではなく、開発と酪農との折り合いのつけ方を模索していた。

さて、委員会では、二年にわたって酪農家に対するヒアリング調査や自然環境調査をおこない、酪農を継続するにあたっての条件整備の方途を探っていった。その成果は報告書としてまとめられ、「都市の中に農地の存在を認める、というより農地がなくてはならない、また、産業や職業として、農業や農業者が存在してもよいし、なくてはならない、という認識にいたるべきである。（略）すぐれた自然環境を維持存続できるのは、農山漁村や農林漁業者の第一次産業に従事している人々によってである[89]」と力強く結論づけた。こうして委員会では、酪農経営を中心とする農業生産環境を整備するための構想として、「農業公園」を中心とした「酪農のムラ（酪農 Village）」を提案するにいたるのである。酪農 Village とは、集合化した農地を確保し、農家の住宅と畜舎など施設を団地化したうえで、農作物を都市住民に供給するだけでなく、市民農園や観光牧場、体験農場、研修施設などによって新住民と農民とが人間的交流を図るための総合的な土地利用体系を指すという。

この酪農 Village 構想を受けて、同委員会事務局でもあった地域総合計画研究所の井原満明と、地元酪農家の鈴木昇が始めたのが、酪農ビレッジ研究会だった。酪農家や同委員会に関わっていた専門家だけでなく、周辺の都市住民や近隣の兼業農家も加わり、「住宅づくり一辺倒だった多摩ニュータウンにとって新たな価値を付加するアグリ・ニュータウン構想」を目指した活動が進められた（図11）。

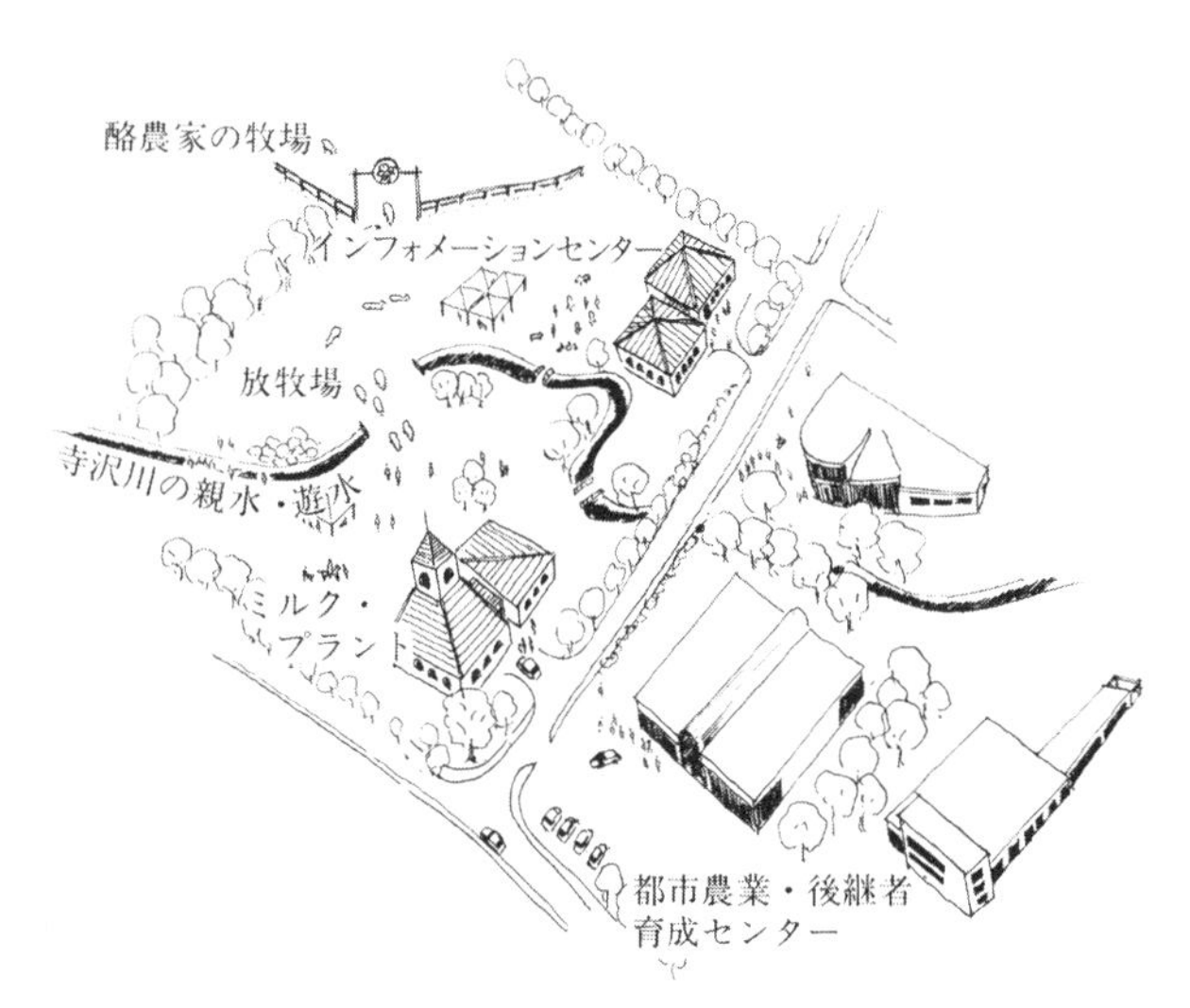

図11　アグリ・ニュータウン構想における農業公園計画図
（出典：ユギ・ファーマーズ・クラブ編『「農」はいつでもワンダーランド――都市の素敵な田舎ぐらし』学陽書房、1994年、254ページ）

まず取り組んだのが農業公園構想についての共同研究で、トヨタ財団「身近な自然をみつめよう」コンクールで「都市環境としての酪農・農村集落存続の試み――多摩ニュータウン19住区及び隣接地に於る都市と農村の共存を目指して」という題目で助成を受け（一九八五―八八年）、一九八八年には優秀賞を受賞している。さらに、「自然観察会、映画フォーラム、田植え、ハム・ソーセージづくり、お茶づくりなど、都市住民と農家との交流を中心とするイベント」などの活動も精力的に展開していった。[90] 八七年七月には、酪農ビレッジ研究会が発展する形で「ユギ・ファーマーズ・クラブ」（由木の農業と自然を育てる会）が結成されている。

写真4　堀之内こぶし緑地

　ところが、開発と酪農との調和を目指したまちづくりが市民主導で進められる一方で、一九八六年十二月には、住宅・都市整備公団が19住区の市街化区域の買収を開始している。しかも、養蚕を営んでいた農家の山林・桑畑を土地収用にかけたのである[91]。八二年の「第19住区の取扱方針」で市街化調整区域へ編入（「逆線引き」）された酪農集約地とは対照的に、19住区にあった市街化区域は早くも開発の手がかかっていったのである。東京都収用委員会の意向に沿う形で農家は「和解」に応じ、土地を売却するが、その過程でこれまで19住区の運動を支えてきた都職労は運動から離脱していった。

　一九九〇年代に入り、ユギ・ファーマーズ・クラブでは、「住民参加型」の活動へと大きく舵を切り、とりわけ新住民の参加を積極的に促しながら、炭焼き、茶摘み・茶揉み、旧日本式水稲栽培、養蚕体験、稲刈り・脱穀、そば打ちなどの作業を共同しておこなう活動を展開していく[92]。九四年には、これまでの活動をまとめて『「農」はいつでもワンダーランド』として出版し、またマスコミなどでも広く取り上げられるようになっていった。

　ところが、このような活動は長続きせず、一九九四年に百九十四人いた会員も、中心的人物だった鈴木昇が亡くなった二〇〇二年には約八十人に減少、実質的な農作業に関わる会員も十数人に縮小していた[93]。さらに、「農業公園構想」も実現せず、「農業公園」ができるはずだった場所には、〇六年に堀之内こぶし緑地（写真4）がオープンしたものの、「農業公園」としての機能を有するものではなかった。[94]

一方、ユギ・ファーマーズ・クラブに在籍していた地元住民は、二〇〇〇年に里山農業クラブを結成した。設立当初は耕作放棄された畑の復元や炭焼きなどの活動をしていたが、ユギ・ファーマーズ・クラブに代わる里山ボランティア活動の受け皿として次第に規模を拡大させていき、〇三年にはＮＰＯ法人化されている。[95]

このように、19住区を舞台に足かけ三十年以上にわたって積み重ねられてきたこれらの取り組みは、時代とともに運動のスタイルを変えながら今日にいたるまで続いている。自然環境や地域産業などおかまいなしに開発を進めてきた従来の手法に一石を投じ、地域活動の一環として市民とともに農業と調和したまちづくりを模索するという活動の方向性は、高度経済成長期以降の開発思想の変化に呼応するものでもあったのだ。

注

（１）「朝日新聞」一九七二年二月十六日付

（２）東京都南多摩新都市開発本部『多摩ニュータウン開発の歩み』第一編、東京都南多摩新都市開発本部、一九八七年

（３）同書一七ページ

（４）前掲「多摩ニュータウン開発計画の決定過程について」一四ページ

（5）今村都南雄「多摩ニュータウン開発事業の特徴」、中央大学社会科学研究所編『地域社会の構造と変容――多摩地域の総合研究』（中央大学社会科学研究所研究叢書）所収、中央大学出版部、一九九五年、二八九ページ

（6）たまヴァンサンかん事務局『多摩ニュータウンに伝えたいもの』（たまヴァンサンかん街づくり講座）、たまヴァンサンかん、一九九七年、一七ページ

（7）前掲「多摩ニュータウン開発計画の決定過程について」一七ページ

（8）前掲『多摩市史 通史編2 近現代』八一五ページ

（9）同書八一五ページ

（10）多摩市史編集委員会編『多摩市史 資料編4 近現代』多摩市、一九九八年、五六五ページ

（11）八王子市議会『八王子市議会史 記述編3』八王子市議会、一九九〇年、二五一ページ

（12）桜井秀美／慶田拓二『最新農地転用許可基準の解説』学陽書房、一九六六年、一六二ページ

（13）同書一六九ページ

（14）前掲『多摩市史 通史編2 近現代』八三〇ページ

（15）大石堪山「多摩ニュータウン開発と農業との事前調整」「総合都市研究」第十五号、東京都立大学都市研究所、一九八二年、一〇七―一〇八ページ

（16）都市計画協会南多摩都市計画策定委員会編『南多摩都市計画策定委員会報告書』都市計画協会、一九六四年、六四ページ

（17）峰岸松三による手記「生活再建のこと」（私家版）から。以下、峰岸の手記はすべてここからの引用である。

（18）小林茂／浦野正樹／寺門征男／店田広文『都市化と居住環境の変容』早稲田大学出版部、一九八七

年、一〇三ページ

(19) 八王子市役所編『八王子市勢要覧1966年版』八王子市役所、一九六六年

(20)「毎日新聞」一九六〇年四月九日付

(21) 前掲『八王子市勢要覧1966年版』、八王子市総務部文書課編『八王子市勢要覧1963』八王子市、一九六三年

(22)「読売新聞」一九六六年十月十五日付

(23)「読売新聞」一九六六年十一月五日付

(24) 前掲『多摩市史 通史編2 近現代』七五四―七五九ページ

(25) 同書七五三ページ

(26) 横倉舜三『多摩丘陵のあけぼの 前編』多摩ニュータウンタイムス社、一九八八年、四七ページ

(27) 同書三二ページ

(28) 前掲『多摩市史 通史編2 近現代』七六五―七六六ページ

(29)「朝日新聞」一九六一年二月二十六日付

(30) 前掲「多摩ニュータウン開発計画の決定過程について」一八ページ

(31) 前掲『多摩市史 資料編4 近現代』四七四―四七五ページ

(32) 勝村誠「多摩ニュータウン研究の〈これまで〉と〈これから〉」、パルテノン多摩編『多摩ニュータウン開発の軌跡――「巨大な実験都市」の誕生と変容』所収、パルテノン多摩、一九九八年、八ページ

(33)「毎日新聞」一九六四年五月三日付

(34) 東京都多摩都市整備本部南多摩区画整理事務所編『由木 潤いと安らぎの活きづく街――ゆぎ・由

木土地区画整理事業誌』東京都、一九九七年、一六ページ
(35)同書一六ページ
(36)前掲『多摩ニュータウン開発の歩み』第一編、七三ページ
(37)「毎日新聞」一九六六年四月六日付
(38)都市計画協会『多摩ニュータウン15年史』日本住宅公団南多摩開発局、一九八一年、八ページ
(39)前掲「生活再建のこと」
(40)宮崎忠二「多摩ニュータウンと共に埋れゆく板木谷戸」、ふるさと板木編集委員会編『写真集ふるさと板木』所収、ふるさと板木編集委員会、一九七一年、九ページ
(41)前掲『由木 潤いと安らぎの活きづく街』一八ページ
(42)「読売新聞」一九六六年二月十九日付
(43)大石堪山「請願運動からみた都市問題としての農業・農村問題――多摩ニュータウン開発におけるいわゆる「第19住区問題」の意味するもの」「総合都市研究」第十二号、東京都立大学都市研究所、一九八一年、一四九―一五〇ページ
(44)前掲「生活再建のこと」
(45)「読売新聞」一九六六年六月五日付
(46)前掲「請願運動からみた都市問題としての農業・農村問題」一五〇ページ
(47)同論文一五二ページ
(48)前掲『多摩市史 資料編4 近現代』六二八ページ
(49)同書六三〇ページ
(50)前掲「多摩ニュータウン開発事業の特徴」二九四ページ

(51) 同論文二九五ページ
(52) 前掲『多摩市史 資料編4 近現代』六五一ページ
(53) 前掲『多摩市史 通史編2 近現代』八四五―八四六ページ
(54) 前掲「多摩ニュータウン開発計画の決定過程について」二六ページ
(55) 日本住宅公団南多摩開発局総務部総務課編『南多摩開発局10年史』日本住宅公団南多摩開発局総務部総務課、一九七六年、一五ページ
(56) 前掲「請願運動からみた都市問題としての農業・農村問題」一五四ページ
(57) 前掲「生活再建のこと」
(58) 木村隆之「大規模宅地開発と農民の土地収奪――大規模宅地開発と農民2」「経済論叢」第百十五巻第六号、京都大学経済学会、一九七五年、八六ページ
(59) 前掲「生活再建のこと」
(60) 前掲『多摩市史 資料編4 近現代』七二三ページ
(61) 東京都首都整備局『多摩ニュータウン計画関係資料集』東京都首都整備局、一九六六年
(62) 日本住宅公団南多摩開発局『多摩ニュータウン生活再建対策調査研究』日本住宅公団南多摩開発局、一九七一年
(63) 前掲「大規模宅地開発と農民の土地収奪」七六ページ
(64) 前掲『多摩市史 通史編2 近現代』八九六ページ
(65) 前掲「大規模宅地開発と農民の土地収奪」七八ページ
(66) 前掲「多摩ニュータウン開発計画の決定過程について」二七ページ
(67) 前掲『多摩市史 通史編2 近現代』九五二ページ

(68)「朝日新聞」一九七五年七月五日付
(69)八王子市市史編集委員会編集『新八王子市史 資料編6 近現代2』八王子市、二〇一四年、八五四―八五七ページ
(70)同書八五七―八五八ページ
(71)前掲「請願運動からみた都市問題としての農業・農村問題」一五三ページ
(72)大石堪山「大都市居住環境保全と都市市民運動――多摩ニュータウン開発における酪農問題に発する都市と農村の諸関係」「総合都市研究」第十三号、東京都立大学都市研究所、一九八一年、八五ページ
(73)鈴木昇「多摩ニュータウンはいらない――大規模開発と闘う酪農民」、薄井清編『講座日本農民1 現代の農民一揆』所収、たいまつ社、一九七九年、二八一ページ
(74)前掲「大都市居住環境保全と都市市民運動」八七ページ
(75)前掲「多摩ニュータウンはいらない」二八四ページ
(76)前掲「大都市居住環境保全と都市市民運動」九九―一〇〇ページ
(77)「朝日新聞」一九七六年六月九日付
(78)八王子市議会『八王子市議会史 資料編1』八王子市議会、一九八八年、九五六ページ
(79)前掲「請願運動からみた都市問題としての農業・農村問題」一五七ページ
(80)前掲「大都市居住環境保全と都市市民運動」一二〇ページ
(81)同論文一〇四ページ
(82)同論文一一三―一一四ページ
(83)「読売新聞」一九八一年一月一日付

写真５　堀之内寺沢里山公園

(84)「読売新聞」一九八一年八月二十日付
(85)前掲『多摩ニュータウン開発の歩み』第一編、一四五ページ
(86)「読売新聞」一九八二年二月十六日付
(87)前掲『新八王子市史 資料編６ 近現代２』八六三ページ
(88)東京都南多摩新都市開発本部／社団法人東京都畜産会『多摩ニュータウン19住区に関する酪農経営調査報告書 昭和59年度』東京都南多摩新都市開発本部、一九八五年、一一ページ
(89)同書七一ページ
(90)ユギ・ファーマーズ・クラブ編『「農」はいつでもワンダーランド――都市の素敵な田舎ぐらし』学陽書房、一九九四年、五八ページ
(91)前掲「多摩ニュータウン「農住都市」の構想と現実」一九四ページ
(92)前掲『「農」はいつでもワンダーランド』
(93)前掲「多摩ニュータウン「農住都市」の構想と現実」一九六ページ
(94)いったんは不十分な形で決着した「農業公園構想」は、二〇〇八年にそれを引き継ぐ形で「堀之内寺沢里山公園」として実現している（写真５）。これは、都市再生機構が19住区の開発をおこなう際に、もともと公園予定地だった場所を用途変更して十七階建てのマンションを建てることに住民が反対運動を起こし、近年の環境問題に対する意識の高まりや、「最小限の開発にとどめた住宅建設を」という地元住民の声を受けて、緑地保存をめぐる住民と都市再生機構との交渉の過程で出てきたものである。

(95) 岡田航「堀之内の里山ボランティア活動史」、多摩ニュータウン学会編集委員会編「多摩ニュータウン研究」第十四号、多摩ニュータウン学会、二〇一二年、一四七ページ

第3章　実験と抵抗——多摩ニュータウンという「実験都市」

本章では、さまざまな主体による「実験」をキーワードに、その実験の相貌を明らかにする。多摩ニュータウンは、その是非は別にして、常に「実験」と結び付けながら語られてきた。高度経済成長期には「実験都市」「都市開発の実験」などと形容され、少子・高齢化が進む現在では、高齢化に対応した街づくりや老朽化した団地の建て替えなど、今後日本社会が直面すると考えられる社会的な課題に対応するための「実験」（モデルケース）として語られる。

しかし、いくら「実験」といっても、実験室のなかでおこなわれるものではなく、そこには実際に人が住み、具体的な生活を営んでいる。ニュータウンの住民たちは、ただ単に「実験」に対して従順な態度を示し続けていたわけではなく、ときにはささやかな抵抗を試み、ときには反旗を翻すこともあった。

このようなニュータウンの「実験」が、地域社会のなかでどのような意味をもち、どのような行動に結び付いていったのかを考える。

1　陸の孤島と実験都市

「陸の孤島」への入居

多摩ニュータウンの第一次入居は一九七一年三月二十六日のことであり、公団諏訪団地（多摩町諏訪地区）に千百八十二戸、公団永山団地（多摩町永山地区）に千五百八戸が入居した（写真6）。その時点から、多摩ニュータウンは新たなステージへとコマを進めることになるが、道路や医療、教育、商店などいくつもの新たな問題が待ちかまえていた。特に入居当初の住民にとって切実な問題として立ちはだかっていたのが、不便な生活だった。

入居から二週間ほど経過した一九七一年四月九日の時点で、学校や商店、交通などのインフラの状況は次のように報じられていた。

入居は一つのコミュニティがほぼ完成してから行なわれるはずなのに、二年も遅れたうえ、広野の建設現場との同居。学校はいまのところ小学校一校だけ。中学校は六キロ近くも離れた町の学校に通わなければならない。交番一つ、郵便局一つ。買物は一スーパー、十商店。品薄に悩む入居者は青空市場に人ガキを作る。洗たく物は土ぼこりで干せず、子供は交通事故の心配。現在の入居地区に芝生が植えられ、公園ができるのは今年末。[1]

同じ記事では、東京都の担当者による「最初は芝生も植えられ、ある程度完成してから入居を始めるつもりだったが、工事が遅れて……。入居の時点で完成された都市を望むのは無理」という弁解めいたコメントもあわせて載せている。

なかでも交通については絶望的で、新設される予定だった京王相模原線・小田急多摩線の開通が間に合わなかったため、第一次入居から約三年の間、諏訪・永山団地からの「足」は、入居の日から運行が開始された京王バスだけだった。京王・小田急ともに工事施行認可はすでに受けていたものの、経営上の問題から延伸に難色を示し、着工が大きく遅れたからだった。最寄り駅となる京王線聖蹟桜ヶ丘駅まで、バスで通勤・通学することになり、特に都心に通勤するサラリーマンにとっては、まさしく「通勤地獄」だった。

写真6　第一次入居の人々（1971年3月26日）
（出典：前掲『多摩ニュータウン開発の軌跡』36ページ）

また、肝心のバスについても、当初予定していたバスルートが未整備だったため、一九七一年八月までは、大きく迂回したコースをとっていた。朝夕のラッシュ時には大渋滞になり、諏訪・永山団地から聖蹟桜ヶ丘駅まで四十分以上かかることも多かったという。混雑もひどく、ピーク時にはバスに乗り切れず、乗れるまで何台か待つこともしばしばだった。こうした混乱は、七四年に永山駅と多摩センター駅が開業するまで続いた。
その状況を当時の新聞は次のように伝えている。

写真7　交通渋滞（1976年）
（出典：前掲『多摩ニュータウン開発の軌跡』38ページ）

多摩ニュータウンの入居者は現在、約一万人。うち三分の一が都心に通うサラリーマン。マイカーを除いては、バスで京王線聖蹟桜ヶ丘駅にでていくが、この道はたった一本で、それもせまいので苦情の多い鎌倉街道。約六キロの道のりをぎゅうぎゅう詰めのバスにゆられ、しかもバスとマイカーで一キロもジュズつなぎ。窓をあけようものなら車から吹きだす排気ガスで気分が悪くなる。

とくにラッシュ時の午前八時前後には、駅まで五十分かかることはざらだ。二時間かかってやっと会社についたときはもうクタクタ。仕事も手につかない。毎日遅刻する人も多いという。[2]

この記事で報じられているような、交通難によって都心と隔絶され、住民が不便な生活を強いられる状況は、「陸の孤島」と揶揄的に形容された。

頭の痛いマンモス実験都市
多摩ニュータウン〝見切り発車〟
中学校は間に合わず
商魂、仮店舗で手ぐすね
交通問題も絶望的

図12　「朝日新聞」1971年3月10日付

一方、この「陸の孤島」というイメージと重なり合うように、「実験」という言葉によって表現されることも多かった。第2章で詳しく論じてきたように、戦後の住宅難を解消し、低廉な住宅を大量に供給するために、さまざまな法律や制度を活用し、また膨大な資金を投入して、居住空間に特化した環境を作り上げようとした。その意味で、多摩ニュータウンは政府や東京都にとって戦後住宅対策のまさしく「実験場」でもあったのだ。

第一次入居直前の一九七一年三月十日の「朝日新聞」では、「頭の痛いマンモス実験都市」という見出しのもとで、商店や銀行、交通、学校などの整備が間に合わず〝見切り発車〟にならざるをえない現状を報告している（図12）。同記事では、多摩ニュータウンを「無秩序スプロール（虫食い的発展）の解消をねらった画期的な都市作り」と評し、「実験都市」と形容しているが、実際にはこの「実験」に多くの不具合があり、必ずしも順調に進んでいるわけではない現実にも鋭く切り込んでいる。そしてその「不具合」の一つの表れが「陸の孤島」だったというわけである。

住宅対策の実験場

では、実際に多摩ニュータウンに移り住んだ住民たちは、この状況をどのように捉えていたのだろうか。多摩ニュータウン内の公団賃貸住宅に住むある住民は、「すべてが行政当局の手で計画、管理されている多摩ニュータウン。「どんな町にしようか」――実験がいろいろ行なわれている。けれども住民は、ただひたすら実験データを提供させられるばかり…」[3]と記している。この記述からは、ニュータウンの都市計画が、行政当局による「実験」であると明確に認識されていることがわかる。すなわち、ニュータウン建設を推進する行政側は、ニュータウンという「実験場」によって都市計画や住宅対策の「実験」をおこない、住民はあたかもモルモットのように一方的に観察され、操作される対象との認識である。そのうえで行政と住民の非対称な関係を嘆いているのである。

さらに、同じく公団賃貸住宅に住む別の住民は、「かつて、農林省は多摩丘陵の豊富な自然に注目し、丘陵の東端に「鳥獣実験場」を設置した。そしていま、国や都や公団は、多摩丘陵の広大な土地に注目し、ニュータウンという巨大な《人間試験場》をつくりつつある[4]」と痛烈に批判した。「鳥獣実験場」になぞらえた「人間試験場」といういささか過激な言葉によってニュータウンをセンセーショナルに言い表すことで、開発という名の「実験」の恣意性を強調し、その暴力性を告発したかったのだろう。

このように、一九七〇年代の入居当初は、「実験」は管理的で統制的なイメージとともに語られ、非人間的な行為として糾弾の対象ともなっていた。それは、不便な生活を強いられている「陸の孤島」への怒りに満ちたメッセージでもあった。

都市計画の実験／住宅の実験／暮らしの実験

では、このメッセージはいったい誰に向けられたものなのか。言い方を換えれば、この「実験」は誰によるもので、「実験の主体」はいったいどこにあるのだろうか。

この「実験の主体」はおそらくいくつかの立場に分けられる。一つは、都市計画に関する基本的な方針を立案し、マスタープランや都市施設（住宅・団地・道路・公園・学校など）の整備計画などを作成する開発事業者・施行者・都市計画者である。多摩ニュータウンという「都市計画の実験場」を作り上げた主体と言い換えてもいい。

もう一つは、ニュータウンを構成する住宅や公園など、より詳細に各都市施設の意匠・設計を担う建築家や建築デザイナーである。マスタープランによって示された街の姿を具体化する役割を果たし、団地の間取りや住宅設計を担当するという意味で、「住宅の実験」の主体となる。

しかし、さらに「実験の主体」として忘れてはならない存在もある。それは、街づくりの主体としての住民である。どのような工夫や取り組みによって、新しい住宅環境に対応し、社会関係を築いていったのかという「暮らしの実験」であり、本章で最も重点的に検討する主体である。

このように整理してみると、それぞれの主体によって「実験」の意味内容が大きく異なり、しかもそれぞれの「実験」が相互に関係し合いながら、ニュータウンが複合的に形作られてきたことがわかる。

そこで、各主体が当初どのような意図や思惑をもち、その後、現実とのズレがどのように調整されていったのかというプロセスを、これからそれぞれ具体的に検討することにしたい。

2　都市計画の実験

「乱開発の防止」という名の「乱開発」

まず、開発事業者や施行者がどのような意図のもとで多摩ニュータウンの計画を立案し、壮大な「都市計画の実験」がどのような社会的状況のなかで成立したのかについて確認しておく。

多摩ニュータウンが計画された理由として、次の二つの要因がよく挙げられる。その一つは東京の住宅難の緩和であり、もう一つは周辺地域の乱開発（スプロール化）の防止である。高度経済成長期に東京区部では深刻な住宅難に陥り、その影響で地価が高騰したために、開発が地価の安い郊外に広がっていき、その結果、無計画で無秩序な乱開発をもたらした。このような乱開発を防止し、大量の住宅を計画的に供給することを目的として、多摩ニュータウンが建設されたというわけだ。

この二つの要因は、たとえば施行者の一つである東京都南多摩新都市開発本部がまとめた『多摩ニュータウン開発の歩み』では「居住環境の整った宅地を計画的かつ大量に供給することによって当時の深刻な住宅難・宅地難を緩和し、同時に南多摩丘陵のスプロール化を防止する[5]」と表現され、やはり「住宅難」と「スプロール化」によって説明されている。この二つは、いわば「公式見解」のように、多摩ニュータウンの建設の理由として必ず付いて回る表現である。

そして、この二つの課題を同時に解決するために必要とされたのが多摩ニュータウンであり、しかもその課題があまりにも急激に差し迫ってきたために、一気に開発するしかなかったと一般には理解されている。しかし、この二つの課題を解決するために、多摩ニュータウンでおこなわれてきた開発手法が本当に適切だったのかについて仔細に検討してみると、実はかなり疑わしいことがわかっている[6]。

たとえば、東京の住宅難の緩和という課題については、一九六五年に多摩ニュータウン開発について事業決定がされた段階で、実は東京都への人口流入は一段落していた。東京都からの転出数と東京都への転入数の差によって算出される転入超過数の推移を見てみると、事業決定された六五年の段階ですでにマイナスに近づきつつあり、入居開始の七一年ではマイナスに転じている（図13）。転入者のほうが多い場合にはプラス、転出者のほうが多い場合にはマイナスの値を示すため、多摩ニュータウンの計画が表明された段階で、東京都への人口流入はすでに一段落し、むしろ入居開始時には転出超過の状況に陥っていたのだ。とすれば、東京の住宅難を緩和するためという大義名分が、実は入居開始時には失われつつあり、その大義名分を補う形で新たな課題を見つけながら開発せざるをえなかったということになる。(7) このことによって、のちに開発のゆがみを生じさせることにもなるが、この点については後述する。

また、二つ目の乱開発の防止という課題については、多摩ニュータウン開発で適用された新住法に基づく開発手法の妥当性を改めて検証する必要がある。すなわち、乱開発を防止するために本当にこの開発手法が適切だったのかという視点である。

すでに第2章で触れたとおり、多摩ニュータウンの根拠法となっている新住宅市街地開発法は、住宅建設を目的とした法律だったために、計画区域内では多様な既存産業の成立が実質的に不可能だった。つまり、それまでの主要産業だった農業は徹底して排除されることになったのである。

しかも多摩ニュータウンの場合、二千九百六十二ヘクタールという計画区域の面積は、ほかを圧倒するほどの規模だった。(8) 隣接する府中市（人口約二十六万人、二〇一七年現在）の面積は多摩ニュータウンとほぼ同じ二千九百三十四ヘクタールだから、人口二十数万人規模の基礎自治体に匹敵する広さが一つのニュータウン区域として指定されていることになる。この広大な面積が新住法の適用によって住宅と関連施設だけで埋め尽くされることになったばかりか、地域産業を根底から覆す結果をもたらした。これは「乱開発の防止」という名の地域社会の「乱開発」以外のなにものでもなかったといえるだろう。

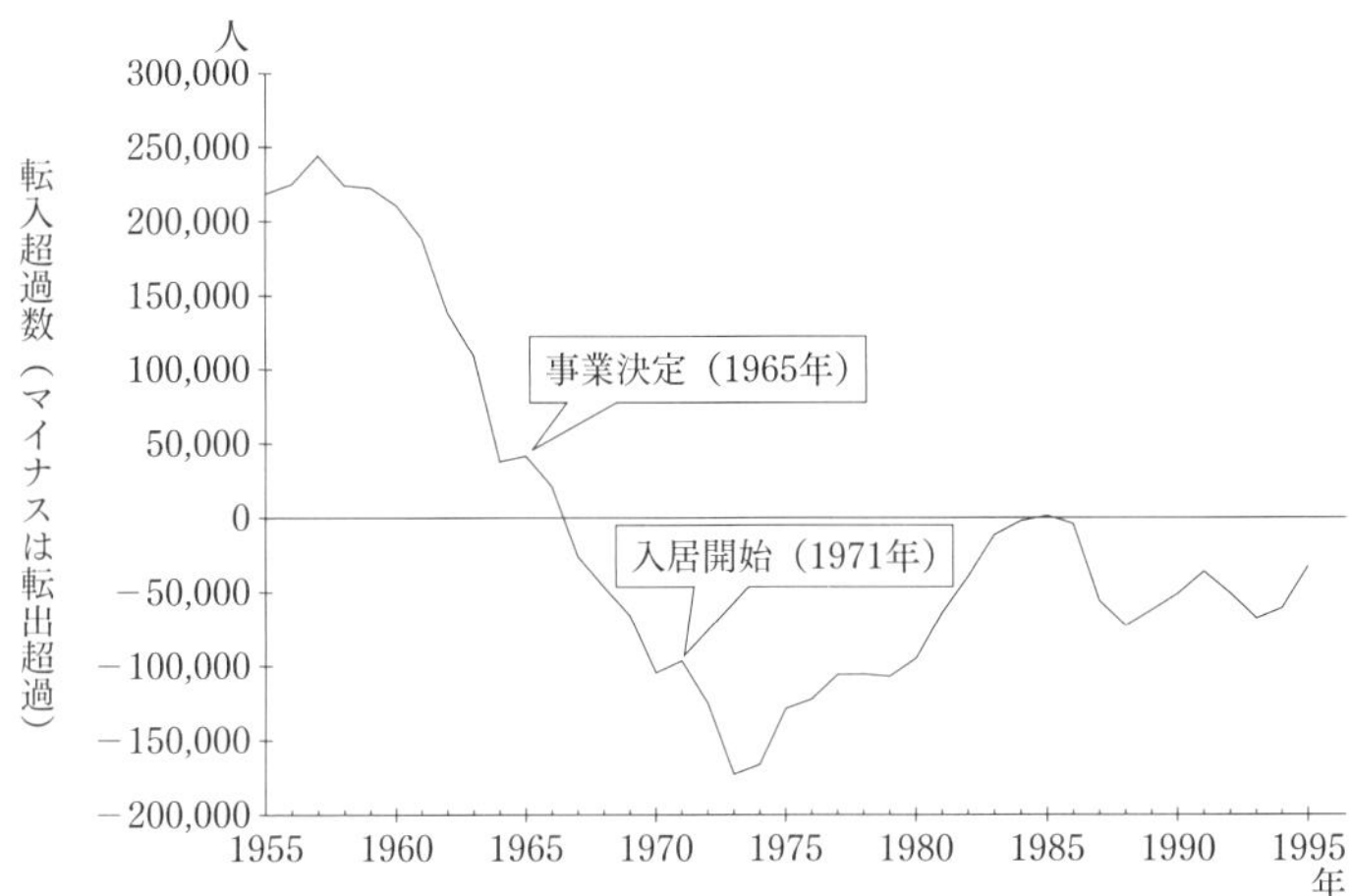

図13　東京都の転入超過数の推移　※転入超過数＝転出者数−転入者数
（出典：東京都総務局統計部『東京都住民基本台帳人口移動報告』各年度版から作成）

つまり、開発事業者や施行者による「都市計画の実験」は、その「実験」を開始する段階ですでにその前提が揺らぎつつあり、「実験」を継続させるためにかなり強引な手法で推し進められることになるのである。

棚上げされた「実験」

多摩ニュータウンは、人口二十六万人を擁する府中市と同等の規模であったものの、四つの自治体にまたがる形で区域が設定されたために多くの課題が噴出し、その解決の必要性も常に指摘されていた。すなわち、行政区域の一元化問題である。この問題は、①地元自治体の財政負担、②鉄道の早期開通、③総合病院の開設とならんで「多摩ニュータウンの四問題」の一つを構成し、後述するように、いずれも都市計画上、解決しなければならない最重要課題になっていたのである。

一九六八年十月の段階ですでに、美濃部都知事の私的諮問機関・東京問題調査会が、その第二助言「多摩ニュータウンについて」で「多摩ニュータウン地域を包摂する新しい単一の公共団体」の創設を提言している。[9]これを受けて東京都では、関係部局の担当者によるプロジェクトチームを発足させ、一元的な自治体としての「南多摩市」誕生に向けた検討を始めたほか、[10]七〇年六月には美濃部都知事が現地を視察し、行政一元化の検討を指示するなど、[11]行政一元化に向けて積極的な姿勢を見せていた。

また、追い打ちをかけるように、一九六九年に三カ月にわたって滞在して都政診断をおこなったロンドン大学名誉教授のW・A・ロブソンは、同年十月に「東京都政に関する第二次報告書」を発表し、そのなかで多摩ニュータウンについて、「計画区域が四つの市町に分割されている点で、共同処理方式も考えられるが、むしろ行政需要の総合的は握(ママ)による適正な行政水準の確保と、全域を一つの地域社会にまとめあげていくために、単一の地方公共団体の創設が是非とも必要である」[12]と、行政一元化の必要性を明言した。

ところが、地元市では「ニュータウンに人口が完全に定着してから考えてもおそくない」[13]として二の足を踏んでいた。また東京都としても、関係自治体の合意がなければ進められないことから、解決に向けた第一歩を踏み出せずにいた。

こうして、行政一元化の必要性はそのつど指摘されても、問題は棚上げ状態でなし崩し的に入居が開始され、「人口が完全に定着してから」も具体的な動きがないまま、市民生活のひずみが増大していくのである。一九七三年には町田市と多摩市の行政界がニュータウンの区域に沿ってわずかに変更され、多少の前進があったものの、根本的な解決にはいたっていない。つまり行政界問題は、「都市計画の実験」のなかで解決の道筋が定まらないまま結果として見限られていったのである。そしてその過程で生じた紛争が、八王子市と多摩市の境界をめぐる編入問題だった。

17住区（多摩市愛宕・東寺方・和田、八王子市鹿島）と18住区（多摩市落合、八王子市松が谷）は、境界が複雑に入り組み、また両住区の八王子市域住民は、多摩センター（多摩市）に歩いて十五分程度で行けることから生活圏は完全に多摩市に依存していた。しかし、住民票や印鑑証明などの行政サービスを受けるには、約五キロ離れた八王子市役所由木支所へ行かなければならず、バスの便が悪いこともあって住民側の不満が募っていた。また、たとえば多摩市の中学校で給食があるのに、八王子市側では弁当持参などといった不公平感もあった。そのため、入居当初より八王子市側の住民から多摩市編入を求める声が多く出ていたのである。

17住区の八王子市域に位置する鹿島自治会では、すでに一九七四年から多摩市への編入を求める陳情書を両市宛てに繰り返し提出していた。しかし八王子市からは「要望事項は検討する。もう少し時間の猶予を」という煮え切らない回答が来るばかりで、鹿島自治会の会長は「もういい加減にしろといいたい。いつも〝善処する〟〝時間がほしい〟という逃げ口上でかわしているだけだ」[14]とコメントしている。

多摩市への編入問題が再び表面化するのは、一九八〇年代に入ってからのことだった。17・18住区の住民有志で結成している「17・18住区を考える会」（のちに「鹿島、松が谷地区の行政一元化を考える会」）が署名運動を始め、八二年六月十四日、四百七十二人の署名とともに市の境界変更を求める陳情書を両市に提出した。この陳情に先立ち、「考える会」では八一年十一月に松が谷テラスハウスAの自治会会員百十八世帯を対象に多摩市への編入希望を調査したところ、約八割の住民が「賛成」と答え、「反対」はわずか五人だけだった。次いで、八二年三月に、松が谷地区の十自治会で組織している松が谷連絡協議会に拡大して、同様の調査を千三百八十三世帯を対象におこなったところ「賛成」が六二%で、「反対」は一〇%にすぎなかったという。[15] この調査結果は、東京都南多摩新都市開発本部が八一年十月に発表した住民意識調査の結果とほぼ一致し、「賛成」が松が谷地区で五九%、鹿島地区で七四%だった。[16]

写真8　松が谷テラスハウスA

しかしながら、この陳情は八王子市議会、多摩市議会でともに何度も継続審議扱いされ、しびれを切らした「考える会」は都知事に〝直訴〟、一九八二年十月六日に鈴木俊一都知事と面会して理解を訴えた。これに対し都知事は、行政区域の変更の難しさを指摘したうえで、現在の地方自治法上、行政区域の変更には地元市議会の議決が必要であるとして、都の置かれた微妙な立場を強調した。[17]

多摩市編入を求めた陳情は、両市議会でも継続審議が繰り返されたが、一九八三年の統一地方選挙のため審議未了で廃案になってしまう。そこで八三年六月に、今度は二千七百人の署名を集め再び両市と都へ陳情を出している。[18] 多摩市側からは「受け入れ態勢はできている」という意向が示されているものの、八王子市側ではほとんど進展がないままだった。東京都では、一万人近い人口を抱えた行政区域の変更にはさまざまな利害関係が絡むことから第三者による仲介が必要と判断し、八三年十月二十五日、東京都の主導により八王子市、多摩市との三者で「多摩ニュータウンに係る八王子市及び多摩市の境界変更に関する協議会」を結成する。[19]

この協議会の幹事会に、一九八四年三月に東京都から行政界変更の試案が示された。この試案では、両市の境界をニュータウン事業区域の線引きと重ね合わせ、鹿島、松が谷地区はそのまま多摩市に編入、都立松が谷高校と大塚公園は八王子市側に残すというものだった。[20] この案に対し、八王子市の波多野重雄市長は「九十八ヘクタールもの〝領土〟を削られるのだから、けっこうだという ばかな市長はどこにもいないはずだ」[21]と不満をあらわにしている。

この問題は翌年になっても膠着状態が続き、一九八五年一月十六日に開かれた協議会でも、三者の考え方がそれぞれ食い違い、結論は出なかった。[22] 八三年以来、「考える会」から再三にわたって出されている陳情についても、多摩市議会では受け入れの意向ながら八王子市側の出方を見ると静観の姿勢を保っていたのに対し、八王子市議会では賛成派と反対派の双方から陳情が出され、やはり継続審議の状態が続いていた。

そのようななかで、一九八六年十二月十五日、多摩市議会が編入陳情を採択し、ついに編入への意思表明を明確に打ち出した。[23] ところが翌八七年三月六日、八王子市議会は、編入反対陳情を採択したうえで、編入陳情のほうは二十三票対六票で不採択とした。[24] その理由として、①編入に反対する住民からの陳情も出ているため、その意見を尊重すべきだ、②八王子市が由木東部地区に出張所の建設を進めていて徐々に便利になる、③行政界は安易に変更すべきではない、という点を挙げた。[25] こうして六年間にわたる編入運動は終結を迎えた。

これによって、開発前から都市計画上の懸案だった行政一元化問題は事実上、閑却されることになり、「都市計画の実験」も、地元自治体と住民の利害関係や思惑を受けて、結局は挫折を余儀なくされるのである。

3 住宅の実験

団地建設の変化

次に、建築家による「住宅の実験」、すなわちニュータウンを構成する都市施設のうち特に団地の設計・建設という点から、その変化について見ていきたい。

団地は、一九五五年に発足した日本住宅公団によって本格的に建設されるようになり、その第一号は五六年三月に大阪府堺市に完成した金岡団地（賃貸六百七十五戸）だった。続いて五月に福岡市の曙団地（賃貸二百四十戸）、千葉市の稲毛団地（分譲二百四十戸）、八月に東京都三鷹市の牟礼団地（賃貸四百九十戸）が完成するなど、全国各地に次々と建設されていく。それらの団地に備え付けられていた水洗トイレ、風呂、ダイニングキッチン、ベランダなどの設備は、当時としてはまだ珍しく、かなり新鮮なものだった。「憧れの団地生活」という言葉とともに新しいモダンなライフスタイルの成立として捉えられることも多かった。また、五八年ごろからはマスコミを中心に「団地族」という言葉も使われるようになり、モダンな生活の実践者として社会からの羨望を集めていた。

写真9　多摩ニュータウンの初期の団地群（永山団地）

一九五九年七月から十五回にわたって「読売新聞」に連載された「ダンチ」という特集の初回記事には、「団地は新しい時代の産物であり、そこの生活者は、新しい一つの階層を構成しつつある。そこではいままでとは違った新しい生活が営まれていることだろう。だから、これは新しい風俗の紹介である[26]」とのリード文がつき、ことさらにその「新しさ」が強調されていた。このように、団地は当時、近代的な都市生活の象徴であり、日本住宅公団は団地の建設によってこうした新しい生活モデルを提示する役割を果たしていたのである。

多摩ニュータウンでも、一九七一年の初期入居からしばらくは、「団地」として典型的にイメージされるような、いわゆる箱型の画一的な集合住宅の供給が続いた（写真9）。一方では「陸の孤島」などと揶揄されながらも、ニュータウン住民は「団地族」とも呼称され、新しい「実験都市」の生活者として存在感を放っていた。

特に、ニュータウン区域外に住む、いわゆる「旧住民」たちの目には、都市ガス、下水道完備の団地生活が都市的・近代的に映っていたようだ。プロパンガス使用で、屎尿はバキュームカーによる汲み取り方式という既存地域のインフラに比べれば、交通や商店などの整備に遅れがあったとはいえ、ニュータウン区域の都市基盤が相対的には整っていたのは確かであり、「コンクリート住宅の団地生活がひとしお、ねたましかった」という声は、ある意味で当然なことでもあった[27]。

ところが、その「団地族」のイメージは徐々にマイナスの方向へ傾き、輝きを失っていく。団地や団地族の社会的な位置は大きな変化を余儀なくされていくのである。このことを考えるうえで興味深い記事が、一九七一年八月十一日付の「読売新聞」に掲載されている。

団地族――十数年前、モダンな語感で迎えられたこの流行語も、いまではすっかり色あせた。高騰する地価、深刻な住宅難。その結果、庶民の手軽な住まいとしての団地は、年々ふえ続けた。(略)だが、団地族の言葉が珍しさを失うにつれ、団地そのものも色あせ、いたるところ欠陥が目立ち始めた。

一九七一年の記事掲載の時点で、団地が増え続け団地生活が社会に定着する過程と表裏をなす現象として、すでに団地が色あせていたことが指摘されている。もともと「団地族」は近代的な生活を営む団地住民に対する羨望を含めた呼称であり、ある種の憧れとともに語られていた。ところが、「団地族」が出現して十数年後には、すでに「珍しさを失う」存在になっていたことがわかる。

多摩ニュータウンの入居開始が一九七一年三月だから、ほぼ同じ時期にこの新聞記事が出たことになる。つまり、多摩ニュータウンの入居が始まったのは、団地が色あせて欠陥が目立ち始めた時期であり、まさに団地への社会的評価が大きな変化を遂げつつあったその最中だったのだ。

このような状況は、団地建設の変化という観点から捉えると、次のように説明できる。団地には二つの類型があるとされる。(28) 第一類型は、〈公団ができてから十年程度の初期の型のことで、画一的、大量供給、賃貸中心という特徴がある。一方、第二類型は、その後、団地の置かれている社会的な状況が変化し、多様化、大規模化という特徴が見られるとともに、分譲の比率が増加した段階の型を指す。このように、公団団地の誕生以降、〈画一的・賃貸中心〉という第一類型から、〈多様化・分譲中心〉という第二類型に変化していったのである。

「団地族」を、団地という新しい生活スタイルの享受者として捉えるならば、それは第一類型の団地に通用する呼称だった。一方、一九七一年に入居が開始された多摩ニュータウンは、第一類型から第二類型へのまさしく過渡期に位置していた。そして、多摩ニュータウンへの入居が進み、開発区域も徐々に拡大していくなかで、大規模化・多様化を特徴とする第二類型へと少しずつその比重を変えていったのである。

このように考えると、多摩ニュータウンでは、第一類型の団地が誕生し、「団地生活」という新たな暮らし方が取り入れられることによって生じた生活変化に特色があるのではない。むしろその後、第一類型から第二類型に住宅の主軸が移行していくなかで、その環境を住民たちがどのように主体的に改変しようとしていったのかという視点を通して見ていくことが求められるのである。

賃貸から分譲へ

そこで注目しておかなければならないのは、第二類型で典型的となる賃貸から分譲へという大きな流れである。多摩ニュータウンでは、もともと一九七一年の初期入居時には1DKから3Kの賃貸住宅が中心で、平均住戸専用面積は五十平方メートル程度だったが、そのわずか数年後には方針が転換され、質的な向上が目指されるようになる。その背景には、先述のように流入人口が一段落し、住宅を大量供給する必要性が低下したことに加え、以下のような地元自治体の財政問題に端を発する施行者側と地元自治体との間でおこなわれていた政治的な駆け引きの存在があった。

先に触れたとおり、一九七一年四月以降、「多摩ニュータウンの四問題」と呼ばれる、①地元自治体の財政負担、②鉄道の早期開通、③総合病院の開設、④行政区画の変更、という四つの克服すべき課題が顕在化してきた。そのうち①は、ニュータウンへの入居開始に伴う人口の急増と行政需要の高まりに追われた結果、深刻な状況に陥っていた。市域の六割をニュータウン区域が占めている多摩市では、七一年の段階で、十年後には百三億円の赤字を抱え込むだろうと試算され[29]、この状況を打開するためには高所得者層を吸引して税収を増加させることが急務になっていたのだ。

そこで同市では、前記四問題が解決しないかぎり、住宅建設には一切応じないという強硬手段をとる。そして実際に三年間、住宅建設がストップするのである。この間、東京都をはじめとする施行者は四問題の解決に力を注ぐが、なかでも①の財政負担問題は解決のめどが立たないまま残っていたため、さらに協議が続けられた。その過程で多摩市は次のような要望を出す。

①住宅戸数を二〇％程度減少させる
②緑地を大幅に増やす
③これまで1ＤＫ―3Ｋ中心だった住宅規模を、3ＤＫ以上を六〇％、4ＤＫ以上を三〇％に増やす
④分譲住宅と賃貸住宅の比率を、これまでの分譲二：賃貸八から逆転させて、分譲六：賃貸四にする
⑤都営住宅の割合を三〇％から一五％に減らす[30]

これらの要望は、財政難を打開するために自治体にとって必要な条件をストレートに表明していたが、高所得者層をターゲットとしたニュータウン像の転換を企図したものだったことは明らかである。この要望を受けて、施行者と地元自治体で構成される南多摩開発会議で検討が加えられ、結局、一九七四年十月に「多摩ニュータウンにおける住宅の建設と地元市の行財政に関する要綱」（以下、「行財政要綱」と略記）が、公団、東京都、地元自治体との間で締結されるのである。

この要綱は、結果的に次のとおりほぼ多摩市の要望に沿ったものになった。

①居住人口を計画目標人口の二〇％減らし、三十三万人とする
②緑とオープンスペースは、住区面積の三〇％以上を確保する
③住宅の規模は３ＤＫを主体とする
④分譲住宅と賃貸住宅の比率を五五：四五とする
⑤都営住宅の割合が二〇％を超えないようにする[31]

このことによって約三年間ストップしていた住宅建設がようやく再開されるが、これを契機に多摩ニュータウンの開発の方法が大きく転換し、当初の性格が軌道修正されることになる。「行財政要綱」後に建設された住宅は、それまで団地としてイメージされるような箱型で画一的な団地とは異なる形で供給されるようになるのである。

結果として、多摩市が要望していた高所得者層の誘致を軸とするニュータウン像の転回はほぼ実現されることになったが、そのためには、街の雰囲気やイメージがより重要な鍵を握るようになる。「街の価値」を高めるための取り組みが積極的におこなわれ、「街を売る」という販売戦略が出てくるようになるのである。

新たな「憧れ」の創出

そのターゲットになったのは、当時「ニューファミリー」と呼ばれていた層だった。ニューファミリーとは、第二次世界大戦後のベビーブーム期以降に生まれた世代の夫婦と子どもによって構成

される家庭のことを指し、従来の夫婦観や家庭観に縛られないライフスタイルを志向することから、当時、マーケティングの世界で使われ始めていた。こうしたニューファミリーがニュータウン生活を楽しむ場として、多摩ニュータウンが演出されていくのである。

このような理想的な住環境を示す宣伝素材として多用された言葉が「緑とオープンスペース」であり、「ガーデンシティ」という言葉とともに、緑あふれる街として売り出されるようになる。くしくも「ガーデンシティ」はイギリスの田園都市構想を指す言葉だが、田園のような都市、緑あふれる理想的な住環境というイメージが多摩ニュータウンと重なるように前面に押し出されてくるようになるのである。

住宅についても、住戸面積の増加とともに「ダイニングキッチン（ＤＫ）」が「リビングダイニングキッチン（ＬＤＫ）」へと変わるとともに、「くつろぎ」や「ゆとり」という言葉によって住宅が形容されるようになる。

ここで、先の憧れという問題に立ち返ってみると、多摩ニュータウンの場合、「団地族」という言葉が広まって十数年が経過し、団地が色あせてきた後の入居であったため、団地生活への憧れの要素はおそらく相対的に少なく、期間的にも短かったはずである。そのような団地的な憧れの形ではなく、多摩ニュータウンを維持させていくために新たに創出される別の形の憧れが、一九七四年の「行財政要綱」以降、次々と打ち出されていくようになったのだ。

そして、その新たな憧れを創出するための代表的な取り組みが、住宅の多様化だった。一九七六年に、各戸に専用の庭がある低層総合住宅「テラスハウス」が建設され、七八年には、共有庭をもつ都市型低層住宅「タウンハウス」が誕生する。多摩市諏訪に建設されたタウンハウス諏訪は、日本住宅公団が最初に手がけたタウンハウスであり、のちに多摩ニュータウンを象徴する住宅となる（写真10）。タウンハウスは、八三年にTBS系列で放映された連続ドラマ『金曜日の妻たちへ』のロケ地になったことからも注目され（設定上はつくし野、たまプラーザ。ロケ地は多摩ニュータウン区域内の多摩市落合にあるタウンハウス落合）、ドラマのなかで展開されていたライフスタイルに憧れをもつという意味で、それまでの「団地族」とはまた違った憧れが生み出される結果になった。

写真10　タウンハウス諏訪

さらに一九八〇年代以降には、いわゆる〝ポストモダン〟な建築物が林立するようになる。イタリアの山岳都市をモデルにしたベルコリーヌ南大沢（八王子市南大沢、一九八九年入居開始）（写真11）、パステルカラーの積み木細工のようなエミネンス長池（八王子市堀之内、一九九〇年入居開始）（写真12）、和風の瓦屋根をのせたヴェルデ秋葉台（同）（写真13）などが次々と生み出され、これらも多摩ニュータウンのイメージを形作る一つの要素になっていった。

購入者の希望で間取りが自由に変えられるコーポラティブ方式の住宅も登場する。一九八七年十月四日に締め切られた、都住宅供給公社の分譲マンション「コープ松が谷第二」の入居希望者の競

争率は、平均百四十五倍、最高八百四十八倍になり、多摩ニュータウンでのこれまでの最高を記録した。(32)

一方、一九八七年には「プラスワン住宅」というユニークな住宅群（プロムナード多摩中央、多摩市落合）も作られた（写真14）。これは、一般の住居部分に、遊歩道に接するもう一部屋のフリースペースをもっているというもので、住宅のなかの一部屋でありながら居間でもなく寝室でもない「もう一つの部屋」という意味で「プラスワン」と名付けられた（「αルーム付き住戸」と呼ぶことも

写真11　ベルコリーヌ南大沢

写真12　エミネンス長池

写真13　ヴェルデ秋葉台

写真14　プロムナード多摩中央

ある）。

この部屋の用途は、趣味や創作、各種サークル活動、自らおこなう各種教室に限定され、物品販売店や飲食店、事務所、倉庫、遊技場などとしての使用は禁止された。ブティックかティールームのような外観により、遊歩道にしゃれた雰囲気を醸し出すことが目指され、しかも周りから見られることを前提とした部屋であるため、そこで営まれる活動自体が一つの景観を形成するという街づくりへの提案でもあったという。なお、こうした建築を通した街づくりへの提案が、実際にどのように実現したのか／しなかったのか、については第4章で詳しく触れることにしたい。

開発のひずみと開発規制

このように、箱型の画一的な団地から、バラエティあふれる住宅への変化は、東京への人口流入が一段落し、住宅需要が頭打ちになったことによって、低廉な住宅の大量供給という当初の課題が薄れたために、新たな住宅需要を呼び起こす方策としてもたらされたものだった。しかしその背景には、「行財政要綱」の制定が象徴するように、自治体の財政問題に端を発する開発のひずみが根深く存在していたことは、やはり強調しておかなければならない。

一般に団地が建設されると人口が増加し、地元の商業も活性化し、財政が豊かになっていくという認識が生じやすいが、多摩ニュータウンに限らず、むしろ実態はその逆だった。開発が進むと、人口の流入が一時的かつ大量におこなわれるため、地元自治体では道路、学校などのインフラ整備に多額の支出を迫られた。つまり、団地建設は、学校や道路、下水道などの公共投資の財政負担を地元自治体に押し付ける形で進められたために行財政のバランスが大きく崩れ、財政破綻の危機に直面したのである。首都圏を中心に開発抑制に動く自治体も続出し、ついには団地建設中止を申し入れる自治体も現れるようになる。[33]

一九六〇年代後半以降になると、各自治体が独自に公共施設の整備に関わる費用負担の条件を定めた「宅地開発指導要綱」が制定されるようになり、住宅地開発に伴う財政圧迫に対して、自治体財政の健全な運営を図る立場から、自治体自らが自衛手段を講じるようになっていく。

たとえば、多摩ニュータウンに隣接する八王子市では、一九六六年九月着工予定の都営中野団地の建設に際し、自衛手段として、都住宅局に対し取り付け道路や児童公園、学校、集会所など二十一項目にわたって申し入れをおこない[34]、協議の末に、小学校建設用地の確保、保育園の建設など六項目について合意している。[35]これは、六三年に同市内に建設された都営長房団地で、都と市の事前協議が不十分だったために、屎尿、道路、学校など団地建設に伴う多くの問題が発生し、市側が大きな代償を払う結果になったという苦い経験をふまえての措置だった。

これらの取り組みは、「原因者負担の原則」に基づいて、公共施設の整備に責任をもつことを求める基準の設定へとつながっていく。たとえば八王子市では、一九六七年八月に「住宅地造成に伴う公共施設等整備基準」[36]を定め、各事業団体に送付して協力を求めている。[37]この基準は法的効力こそもたないものの、「住宅地造成事業に関する法律」に「造成認可を知事に申請するものは、あらかじめ事業計画に関係がある公共施設の管理者の同意を得、協議しなければならない」という条項があり、この「同意」「協議」を根拠としている。つまり、基準の条件を認めなければ、地元は造成事業の「同意」も「協議」もしないので、認可申請できないということになる。その範囲は、一ヘクタール以上の造成事業を対象として、道路の幅、舗装の質、下水の規模にいたるまで幅広い領域にわたるが、要点をかいつまんで示せば以下のとおりになる。

・派出所、郵便局、消防署出張所などの公共施設用地をあらかじめ確保する。
・道路、排水施設などの公共施設の構造は市の基準に従う。
・団地内商店街には駐車場用地を確保する。
・取り付け道路は六メートル以上とし、位置は事前に市と協議する。
・ゴミ収集のため市が指定するダストボックスを設置する。
・農業用水路と一般排水路は分離し、団地からの汚物・汚水が農業用水に流入しないようにする。
・水道敷設費用は事業主が負担する。
・戸数に応じて小学校・中学校の用地を無償提供する。
・埋蔵文化財がある際は発掘・保存などについて市と協議し配慮する。

・団地の規模に応じて幼稚園・保育園用地を無償提供する。

こうした基準は、近隣の自治体でも出され始めていた。多摩ニュータウンの構成市の一つである町田市でも、日本住宅公団による鶴川団地（千六百八十二戸）、町田山崎団地（三千九百二十戸）、藤の台団地（二千二百三十六戸）などの大規模な団地が一九六〇年代から七〇年代に相次いで建設され、人口増加に伴う関連施設の整備に必要な財源が、市の財政能力を大きく超えるようになっていたために、六七年五月に「宅地造成事業協議基準」を定めている。さらに同市では、団地建設の渦中にあった七〇年に『団地建設と市民生活』[38]（通称『団地白書』）を発行して自治体の窮状を訴えた。そこには、団地建設にゆれる自治体の行く末を案じ、「いたずらに国および公団、公社の住宅政策あるいは民間企業の乱開発の犠牲になって、市民生活を擁護する自治体本来の機能を完全に喪失してしまうことになる」という悲痛な叫びが込められていた。

団地建設を抑制しようとする試みは一九七〇年代以降に本格化し、多摩地域では七二年二月の段階で、同様の要綱を実施または作成中の市は二十市に達していた[39]。たとえば調布市では、七二年二月十四日に従来の指導要綱を強化し、適用範囲を千平方メートル以上、二十戸以上から五百平方メートル以上、十五戸以上へと広げ、公園緑地の比率や学校用地の無償提供、学校・保育所負担金など厳しい条件を付している。

こうした規制強化の動きは、程度の差こそあれ各自治体で同様に取り組まれていた。先の八王子市でも、それまでの「住宅地造成に伴う公共施設等整備基準」に代えて、さらに規制を強化した

「宅地開発に伴う指導要綱」を一九七二年四月一日に施行している。それまで一ヘクタール（一万平方メートル）以上の大規模団地を規制対象としていたが、千平方メートル以上、地上十メートル以上および一棟三十戸以上の小規模団地やマンションなどに対象を広げ、小・中学校用地の無償提供、公共施設の業者負担、緑の保護などを義務づけるというものだった[40]。これらの義務を守らなければ、建築確認も出さないし上水道の敷設や道路占用も断るという「強硬策」を打ち出している。もっとも、この要綱には法的根拠はなく、逆にこれらの市の措置が問題にされ裁判を起こされる可能性もあったが、市は「十分覚悟しており、受けて立つ」という決意を表明していた[41]。

このように、急速に進む宅地化、マンション建設の動きに対する自衛策として、開発規制の強化がいかに切実なものであったかがわかる。多摩ニュータウンでの「行財政要綱」の制定も、このような開発のひずみと自治体財政の悪化を調整しようとする大きなうねりのなかに位置づくものだった。このことは、開発者による「実験」に対して、財政難にあえぐ地元自治体が翻した反旗であり、異議申し立てでもあったのだ。

4 〝初期不良〟に抗する「暮らしの実験」

一方、多摩ニュータウンに住み始めた住民は、「陸の孤島」と揶揄されながらも、不便な生活と向き合って、自分たちにとって住みやすい環境を獲得するためにさまざまな取り組みを始めていた。開発者による「都市計画の実験」「住宅の実験」に対してただ手をこまねいて傍観していたのではなく、自らがいわば「暮らしの実験」の主体となり、自分たちの新しい生活環境を整えていくさまざまな活動や実践を展開していったのである。その模索の足跡を見ていきたい。

きっかけとしての〝初期不良〟

こうした「暮らしの実験」は、入居当初に頻発した〝初期不良〟とでもいえるような事態がきっかけになって生み出された。ここでいう〝初期不良〟とは、入居初期段階特有の生活面のさまざまな不備を意味し、商店や交通、教育、公園、医療、福祉、消防など、人が集住する街には本来備わっていなければならない都市機能が十分に果たされていない状態を指す。

入居者はまず買い物の不便さに悩まされた。商店は入居初日から団地内に数店舗がオープンしたが、「業種と品数が少ない」「値段が高い」「衣料品がない」と評判は芳しくなく、「食料品などは日曜日に桜ヶ丘駅まで出かけて二、三日分まとめて買うことにしています[42]」という人もいれば、「新宿、府中へ行って一か月分をどっさり仕入れてこなければならない始末[43]」と嘆く人もいた。近隣に鉄道の駅さえ開設されていない状態であり、最寄りの永山駅前にショッピングセンターができるのは一九七四年まで待たなければならなかった。

また深刻だったのが医療で、ニュータウン内には入居時から公益的施設として内科、歯科などの診療所も開設していたが、大半の医師は通いで診療にあたっていたため、夜間は「無医村」状態だった。救急病院や夜間診療をおこなう総合病院もなく、緊急時はすべて周辺の病院に依存せざるをえなかった。ニュータウン内に救急搬送可能な総合病院ができたのは、入居から実に六年が経過した一九七七年のことだった。

学校の整備も遅れた。ニュータウンの入居とともに最初に開校した多摩市立南永山小学校では開校当初、体育館やプールなどの施設は未整備で、さらに、建設工事の遅れから、多摩市立永山中学校では建物の完成自体が間に合わず、六キロも離れた別の中学校に間借りせざるをえなかった。給食センターも建設が遅れたため、一九七三年六月までは給食も実施されなかった。

これらは一例ではあるが、多くの都市機能が未整備の状態で入居が開始されたため、入居者は大変な不便を強いられた。こうした〝初期不良〟の状態を克服するために、住民たちが結束し、それらを補う、あるいは自分たちで解決するという営みが開始されていくのである。

たとえば、「陸の孤島」の主要因である交通の不備に対しては、一九七二年二月五日から住民有志による「自主運行バス」の取り組みが始まっている。入居当初、ニュータウン内に鉄道が敷設されていなかったため、最寄りの京王線聖蹟桜ヶ丘駅発の最終バスは午後十時半で、乗り遅れればタクシーを使わざるをえない。さらにタクシーの値上げも追い打ちをかけていた。こうした事態に対抗するため、住民有志でワゴンを共同購入し、「多摩交通問題実力突破委員会」という会員制の組織をつくって自主バスの運行を始めたのである。(44)

ようやく待望の鉄道がやってきたのは一九七四年のことで、六月に小田急多摩線が永山駅まで、十月に京王相模原線が多摩センター駅まで開通している。ところが、多摩ニュータウンに敷設された京王と小田急の新線部分の運賃がほかの路線と比べて三割から四割ほど高くなっていることに住民が反発し、割増運賃制の撤廃を求めた多摩ニュータウン新線割増運賃反対運動が七六年に起こっている。この運動は、のちに六百戸加盟の「住みよい多摩ニュータウンを作る会」の結成につながっていく。(45)

教育施設の整備も遅れ、ニュータウン内には公共図書館もなく、小学校には学校図書室もなかった。このような状況に対し、子どもたちに少しでもいい本を読ませたいという母親たちの思いから、「なかよし文庫」という地域文庫活動が一九七二年に生まれている。(46)地域文庫活動とは、地域住民が子どもたちのために地域の施設を利用して図書の収集、貸し出し、読み聞かせなどをおこなう図書館的な活動のことである。もともとはニュータウンに住む十人の主婦と子どもたち十二人で出発し、家にある本を持ち寄ったり、廃品回収をして得た収益で本を購入したりして蔵書を増やし、発足当初は四十冊ほどだった蔵書も、七五年には千三百冊にのぼっている。(47)また、活動のなかからニュータウン内への図書館の設置運動も始まり、行政に対して請願・陳情を繰り返しおこなうようにもなっていく。こうした運動が実り、七九年に多摩ニュータウン内に初めての公共図書館である諏訪図書館が開館している。

良好な住環境を求めた住民運動

このように、〝初期不良〟に抗する新住民たちの動きは、不便な生活を解決したいという切実な思いをばねに次第に大きなうねりを生み出し、新しく形成されたコミュニティをベースにして行政に対する住民運動につながっていった。

この時期の住民運動として、反公害運動や文化活動とも結び付きながら最も大きな盛り上がりを見せたのは、尾根幹線道路建設阻止運動という、大型道路の建設に反対するニュータウン住民たちの運動だった。正式名「東京都多摩都市計画街路多摩広路一号」、街路名称「南多摩尾根幹線」というこの道路は、多摩ニュータウンの南端を東西に横断する全長十六・六キロの都市計画道路で、稲城市矢野口の府中街道から町田市小山町の町田街道までを結んでいる。この道路の着工をめぐる、近隣住民による熾烈な反対運動だった。

もともと一九六八年に東京都が立案した段階では、中央高速から東名高速を結ぶ大動脈の一部を構成する予定で、さらに東京を取り囲む実質的な環状九号線となる構想をも含んでいたため、片側四車線、幅員四十三メートル（最大幅員五十八メートル）の大型道路として計画されていた。

ところが、一九七一年三月からこの地域への入居が始まった際、この計画のことは住民に十分に知らされていなかった。七二年の夏ごろから幹線道路建設の噂が広まり、多摩市諏訪・永山公団自治会の特別委員会が調査を開始したところ、将来的に環状九号線として計画されているらしいことが判明する。そこから幹線の着工をめぐって住民の激しい反対運動が繰り広げられたのである。

一九七三年には、尾根幹線用地に隣接する多摩市諏訪・永山地区の団地住民が中心になり、「尾根幹線を阻止して多摩の自然と生活を守る会」（以下、「守る会」と略記）が結成され、工事用道路のバリケード封鎖や署名運動などを展開していく（図14）。その結果、五十八メートル幅の環状九号線の建設は実質的に凍結され、最も団地に近接している諏訪・永山地区二・五キロの北側側線は歩行者専用道路となり、自動車は南側側線を迂回する形になった。

この反対運動は、多くのニュータウン住民を巻き込みながら盛り上がりを見せ、そこからいろいろな活動が派生していく。一九七九年度の「守る会」の活動計画では、①自然観察会を定期的に開く、②地域の自然・土地利用・産業経済、ニュータウン建設をはじめ諸開発の実態調査、③地域の道路交通の状況調査、④地域の環境破壊・各種公害の実態調査、⑤各種勉強会（映画会、講演会、講座など）、⑥その他運動の推進に役立つ企画・催しなどが計画され(48)、多彩な活動に発展している

都道尾根幹線

ニュータウン内許せぬ

多摩の住民、阻止運動決める

道路より大公園を

〝環9反対〟とも手を結ぶ

道路の建設反対運動について話し合う住民たち（多摩市ニュータウンの永山集会所で）

図14　「朝日新聞」1973年9月10日付

様子が確認できる。

こうした運動は、良好な住環境を求めて自ら主体的に動き出そうという気運が〝初期不良〟をきっかけにして生まれ、コミュニティ活動とも結び付きながら多くの住民を巻き込んで展開されてきた事例として捉えることができる。

ミニコミ誌「丘」に見る消費行動――「賢い消費者」への模索

直接的な抗議行動を伴う反対運動ではなく、ミニコミ誌という地域メディアを活用した取り組みによって〝初期不良〟に抗する機能を果たした事例もあった。ここで取り上げるのは、ニュータウン住民によって編集・発行されていた「丘」というミニコミ誌である。

「丘」は、多摩ニュータウン住民有志によって構成される「多摩ニュータウン新しい文化を創る会」が編集・発行し、一九七三年に創刊された。多摩ニュータウンが立地する起伏がある多摩丘陵からその名がとられたこの雑誌は、多摩ニュータウン内で流通する隔月刊（実際には不定期刊）のミニコミ誌で、各号四十ページから六十ページ程度の分量があった。誌面は、編集部による特集と読者から寄せられた投稿で構成され、投稿は随筆、詩、短歌、俳句、小説など文芸的な傾向も見られたが、この雑誌の白眉は、多摩ニュータウンでの初期入居特有のさまざまな問題を多方面から捉え、丹念な取材のもとに組み立てられた精力的な特集記事にあった。

たとえば、第四号（一九七三年八月三十一日）の「井戸端会議のすすめ――ニュータウン住民は自閉症児か?」と題した特集では、冒頭で特集の趣旨について次のように述べ、ニュータウンに住み始めて直面するであろう、ニュータウン内の住民同士のコミュニケーションやコミュニティ形成の難しさに切り込んでいた。

ニュータウンに住んで二年あまり、陸の孤島・東京砂漠といわれ、数多くの問題をはらみながらも、身の回りには友情も育ち、いくつかのグループ活動も生まれて、生活の根は徐々に深く広く張ろうとしている。

同じ号棟の同じ階段に住むことになった偶然、自分で選び取ったものではないこの不思議なめぐり合せの中で、わたしたちは隣人とどのように協調しているか、そこに何が生まれ、何が失われているかを探ってみよう。(49)

記事本文では、団地での近所付き合いの難しさを示す実例や住民たちへのインタビュー、他団地での取り組みなどを紹介し、団地コミュニケーションの実像を多方面から捉えようとした特集になっている。

また、第五号（一九七三年十二月二十日）から第八号（一九七五年七月五日）まで四回にわたって、「医療の灯を消すな」という特集を組み、多摩ニュータウンでの医療体制の不備を取り上げた。「医者が足りない」「団地の医者は時間外には診てくれない」「一日も早く安心して診てもらえる総合病院を」といった住民の不安がつのる多摩ニュータウンの医療問題について、診てもらう側（患者＝住民）、診る側（多摩ニュータウン内の開業医）、行政当局に対するアンケート調査やインタビ

ューを中心にまとめている。(50)

本章で特に注目したいのは、第三号(一九七三年五月十日)の「それでもあなたはトウフを買うのか――多摩ニュータウンの物価をあばく」という、多摩ニュータウンでの購買行動に焦点を当てた特集である。十六ページにわたって、次のような構成になっていた。

どうしてくれる、この物価高
どの店が高い?どの品が高い? 足で調べた物価採点表
主婦は自衛する
なんとかしなくちゃ――みんなで考えよう
ある商店主の告白
お役所はどう考える
「言わせてもらえば」――ある引き売り商人の話
まとめ――私たちもかしこくなろう(51)

当時の物価上昇への疑問を出発点にして、実際に編集部員が一九七三年四月二日から四日にかけて多摩ニュータウン内外のスーパーマーケットに出向き、物価の状況を調査している(表6)。この物価調査では、多摩ニュータウン内にあるスーパー・シヅオカヤと地産ストアに加え、多摩ニュータウン外の聖蹟桜ヶ丘(多摩市)にある京王ストアと西友ストア、鶴川団地(町田市)、高島平団地（板橋区）、上野毛（世田谷区）のスーパーでの値段を調べ、価格表を作成した。そして、品目ごとに物価が高い順に金メダル、銀メダル、銅メダルをつけてみたところ、やはり多摩ニュータウンが高かったという結果になったという。

こうした物価データの収集だけでなく、住民、業者、行政という立場や利害が異なる三者へのインタビュー調査もあわせておこなっている。「特売日には子どもも動員して」「桜ヶ丘でまとめ買い」「手作りで安く」などという主婦たちの自衛策を紹介するとともに、多摩ニュータウン内の商店街で八百屋を営んでいる商店主、一年前まで多摩ニュータウン内の路上で野菜を売っていた引き売り業者、東京都南多摩開発本部の担当者へもインタビューをおこない、それぞれの言い分を聞いた。そのうえで、「私たち消費者自身がこんごどう行動するかによって、ニュータウンの消費生活は、良くも悪くもなる」とし、「私たちは徹底した〝買い物のプロ〟にならなければならない」という結論を導いた。具体的には全体的な消費者運動を展開するための拠点として、住民自身によって組織される「消費者センター」を設置すべきとの提言で締めくくられた。

この特集で特筆すべきは、物価高に象徴されるニュータウン内の物流機能の不備という〝初期不良〟を通して、主婦の視点から「ニュータウンでいかに賢く生活すべきか」という課題設定がなされ、住民相互の学習活動によってその課題を解決しようとしていた点である。[52] 物価高の実態について具体的なデータや情報を収集・提示することで情報の共有化を図り、そこから問題意識を喚起させるとともに、具体的な行動へと促していた。しかも、それを住民自身の手によるミニコミ誌という地域メディアを通して発信しようとしていたのである。

京王ストア（桜ヶ丘）	西友ストア（桜ヶ丘）	鶴川団地（町田）	高島平団地（板橋）	上野毛（世田谷）
2,180	—	—	—	2,400
2,060	—	—	—	2,100
1,535	—	—	—	1,950
89	83	88	83	83
29	24	26	20	20
128	115	130	168	158
175	140	188	228	178
135	128	138	128	130
75	76	76	73	76
168	179	165	164	165
162	156	（14kg 缶）450	（800g 缶）255	165
265	265	265	269	280
175	175	188	179	178
98	98	98	95	92
150	160	180	158	140
90	105	120	98	98
95	100	—	83	100
110	110	120	128	110
169	185	180	187	162
40	38	45	32	33
?	31	40	32	28
12.5	11.5	15.5	21	16
95	100	90	100	100
138	135	135	135	133
450	450	450	450	—
180	180	180	180	—
180	180	—	180	—
32	26.5	27	27.5	—
3	2	7	4	0
1	3	4	1	4
4	5	2	8	5
8	10	13	13	9

表6 「丘」編集部による物価表

品目 ＼ 店		ニュータウン	
		シヅオカヤ	地産ストア
米（10kg）	最高級米	2,320	—
	高級米	2,140	—
	標準価格米	1,550	—
小麦粉	1kg	83	89
うどん	1玉	19	19
しょうゆ	1ℓ	153	158
みそ	1kg	218	198
砂糖	1kg	138	138
酢	500ml	85	78
マヨネーズ	500g	163	178
サラダ油	600g	173	（450g）148
てんぷら油	1400g	268	295
バター	225g	177	188
マーガリン	225g	96	98
肉（100g）	牛（徳用）	150	130
	豚（中）	90	90
	合挽	120	100
ベーコン		110	120
卵	大10個	155	188
トウフ	1丁	45	43
納豆	1包	38	38
油揚げ	1枚	15	15
ほうじ茶	中100g	100	100
牛乳	1ℓ	135	135
スーパーザブ		450	450
ママレモン	800cc	180	180
練ハミガキ	190g	（105g）108	（105g）108
トイレットペーパー		28	24.5
金メダルの数		4	6
銀メダルの数		3	8
銅メダルの数		3	1
メダルの合計		10	15

（出典：「丘」第3号、多摩ニュータウン新しい文化を創る会、1973年、18—20ページ

ところが「丘」は、第十一号（一九八〇年六月二十六日）を最後に休刊し、発行母体だった「多摩ニュータウン新しい文化を創る会」も解散する。すでに一九七〇年代後半には「丘」の発行ペースは遅れがちになり、最終号に挟まれた「おわびとおことわり」と題する紙片によれば、原稿の大半は七七、七八年ごろに執筆されたものだったという。こうした活動の停滞は、中心人物の転居や多忙によるものだったが、〝初期不良〟が徐々に解消されたために集結する必然性が失われ、その役割を終えたかのように活動の終焉を迎えていくのである。

団地内商店街（近隣センター）の変化

ところで、「丘」で模索されていたニュータウン内の購買行動はその後、「近隣センター」と呼ばれる団地内の商店街が機能不全に陥ることにより、その前提自体が覆されることになる。近隣センターとは、小学校区規模の地区単位に、食料品・日用品などの商店、交番、郵便局、診療所などといった住民サービス施設が集まる区域を指し、アメリカのクラレンス・A・ペリーが一九二〇年代に提唱した「近隣住区論」に基づいている。多摩ニュータウンでもこの理論が適用され、一中学校区を一つの住区とし、住区内の歩行圏内で日常生活がほぼ充足できるよう各住区内に近隣センターが配置されている。

実はこの近隣センターは、多摩ニュータウン開発の用地買収の産物でもあった。第2章で述べたとおり、多摩ニュータウンが用地の全面買収を可能にする新住法に基づいて開発され、新住法の指定区域では農地の立地が認められていなかったため、計画区域で農業を営んでいた土地所有者は土地を手放して離農・転業せざるをえなかった。その代わりに「生活再建措置」として団地内商店街（近隣センター）への出店を優先的に斡旋し、農業から商業への転業を誘導する道が用意されていた。近隣センターの商店街は、農家からの転業者に対し、商店経営をさせるための受け皿としても機能していたのだ。多摩ニュータウン第一次入居と同じく一九七一年に開業した諏訪名店街（諏訪五丁目団地商店街）では、二十六店舗のうちほぼ半数近い十二店舗が生活再建者、つまり離農・転業者による経営だった[53]（写真15）。

写真15　諏訪名店街

先に取り上げた「丘」第三号の特集「それでもあなたはトウフを買うのか」では、元農家でその後多摩ニュータウン内で八百屋を営んでいる商店主へのインタビューが掲載されている。

ハイ、私はきっすいの土地っ子で、この店を出すまでは代々農家でした。ニュータウンに土地を提供してくれって話が出たときはおどろきました。土地に生きてきた者にとって土地を手離すってことはねえ……。

でも農業は年々先細り、いつまでこのままやっていけるってわけではなし、この機会に……と考えましてね。土地を提供すれば優先的に店を出させてやるっていうんで。ええ、もちろんいろいろ悩みましたが――。

ところで店を出すっていっても、商売の経験はないし、あれこれ考えてね。で、やっぱりこれまで見慣れた野菜がよかろう、ってわけで、八百屋をすることにしたんです。

それから桜ヶ丘団地の「八百利」って店へ一年くらい見習いに行きました。あとは八王子の「八百利」本店で仕入れの勉強をしました。しかし仕入なんてことはなかなかわかりにくい。おぼつかないままに、ともかく時間切れでね、店を開いたってわけです。

さて開いてみると、勉強したことと実際とは大違いで戸惑いましたね。ご承知のように桜ヶ丘団地はああいう住宅街ですから、あそこでの売り方はこちらでは通用しないんです。お客さんの買い方が違うんですよ。

ここの方はみなさん買い物がとてもじょうずですムダがありません。感心しますよ。だから私どもも「切ってちょうだい」といわれれば切り売りもする、重いものは配達する……。でも私たちはスーパーにできないことをやる以外ないと思ってがんばってます。

ともかくそんなことで、まだまだシロウトだし、八百屋は多いし、しかもみんな旧知の人ばかり、そんな人たちと競争していくやりづらさもあるんです。[54]

転業にあたっては、施行者による数回の講習会が開かれたが、前記のインタビューにもあったように、実際には商業の「シロウト」同然だった。しかも、商店街内で一業種一店舗の原則により計画的に配置されたことから店舗間競争が抑えられていたため、経営もなかなか軌道に乗らなかったという。その後、車社会の到来による郊外大型ショッピングセンターの台頭などによって、徒歩利用を想定した近隣センターは時代の要請に合わなくなり、次第に衰退していくことは周知のとおりだが、開設の段階で根本的な課題を抱えていた近隣センターは、新住法の矛盾が凝縮した存在でもあったといっていいだろう。

この近隣センターがその後、実際にどのように変化していったのか、商店構成の経年変化について触れておきたい。一九七一年の初期入居時に開設された多摩市諏訪・永山地区の商店街（諏訪名店街、永山団地名店街）を対象に、その後の商店街の店舗構成の変化を調査した清原一紀によれば、最も大きな変化は、最寄り品（野菜・魚・肉・日用雑貨品など日常的に高頻度で購入される商品）を扱う店舗が激減したことだという[55]。七四年の段階で全五十八店舗のうち二十三店舗と、全体の四割程度を占めていた最寄り品店舗は、九六年を境に減少に転じ、二〇〇六年では十一店舗に減っている。また、そば・中華・寿司店などの飲食店も、七店舗（一九七四年）から一店舗（二〇〇六年）に減少する一方で、逆に空き店舗は、三店舗（一九七四年）から十二店舗（二〇〇六年）に増えている。

注目すべきは、医療・福祉系店舗（薬局、接骨院、鍼灸院や高齢者デイサービス、ＮＰＯによる在宅高齢者支援施設）が、一店舗（一九七四年）から八店舗（二〇〇六年）に増えていることである。一九七四年の時点では存在していなかったまちづくり系店舗（住宅改造コンサルタント、住宅仲介）も、二〇〇六年では三店舗になり、新たな業態として定着しつつある。

また、二〇〇七年の近隣センターの利用頻度を見てみると、特に諏訪名店街では「ほとんど利用しない」という割合が非常に高く、低調な利用頻度になっているという。このことは、初期入居時に比べて買い物場所の選択肢が増え、多様な購買行動が可能になったことと表裏する現象でもある。つまり、現実の消費行動は、当初計画段階で想定されていた行動とは異なるものに変質し、皮肉なことに「丘」で勧められていた、ニュータウン内での「賢い」購買行動は、結果的に成立しなくなってしまうのだ。

しかしながら、近隣センター商店街の将来についてはいくつかの展望を見いだすこともできる。今後、高齢者が増加していくと、自家用車を手放すようになるため、近隣住区論に沿った利用のされ方、つまり徒歩利用へ回帰する可能性があるのである。このことは、清原の調査で六十五歳以上の高齢になると年齢段階が上がるほど利用頻度も上がる傾向になっていることからも示唆される。[56]

また、初期入居時の地域文庫活動で中心的な役割を担っていた人物のなかには、近隣センターを福祉活動の拠点にしようとしている例も出始めている。[57]かつて〝初期不良〟是正のため、生活環境を整えようと活動していた人々の軸足が福祉へと移るようになり、もう一度地域の中心になって新たな「暮らしの実験」を始めつつあるともいえるだろう。

注

(1)「毎日新聞」一九七一年四月九日付

(2)「サンケイ新聞」一九七一年四月二十日付

(3)石川舜「実験管理都市住民の眼(三)」「丘」第三号、多摩ニュータウン新しい文化を創る会、一九

七三年、五ページ
(4) 岡巧『これぞ人間試験場である――多摩新市私論』たいまつ社、一九七四年、一七ページ
(5) 前掲『多摩ニュータウン開発の歩み』第一編
(6) 前掲「多摩ニュータウン研究の〈これまで〉と〈これから〉」七ページ
(7) 同論文八ページ
(8) 地元住民による主要農耕地と集落の計画区域除外を求める声が高まったため、一九六六年十二月に、既存集落部分約二百十ヘクタールが新住事業区域から除外され、土地区画整理事業による整備に変更された。新住事業と区画整理事業の併用という形への計画変更になったが、それでも、新住区域は二千二百ヘクタールを超えていた。
(9) 前掲『多摩市史 資料編4 近現代』六四一ページ
(10)「日本経済新聞」一九六九年九月四日付
(11)「朝日新聞」一九七〇年六月十八日付
(12) 前掲『多摩市史 資料編4 近現代』六四四ページ
(13)「日本経済新聞」一九六九年九月四日付
(14)「読売新聞」一九七五年十二月十四日付
(15)「朝日新聞」一九八二年六月十日付
(16)「東京新聞」一九八二年六月九日付
(17)「朝日新聞」一九八二年十月六日付
(18)「朝日新聞」一九八三年六月八日付
(19)「毎日新聞」一九八三年十月二十三日付

(20)「朝日新聞」一九八四年三月十日付
(21)「朝日新聞」一九八四年四月三日付
(22)「朝日新聞」一九八五年一月十七日付
(23)「朝日新聞」一九八六年十二月十六日付
(24)前掲『八王子市議会史 記述編3』一〇七一ページ
(25)「朝日新聞」一九八七年三月七日付
(26)「読売新聞」一九五九年七月一日付
(27)「朝日新聞」一九七四年一月十一日付
(28)成田龍一「市民生活」、横浜市総務局市史編集室編『横浜市史II 通史編』第三巻下所収、横浜市、二〇〇三年、三七〇ページ
(29)「朝日新聞」一九七一年十一月二日付
(30)「朝日新聞」一九七四年一月二十四日付
(31)前掲『多摩ニュータウン開発の歩み』第一編、一二八ページ
(32)「毎日新聞」一九八七年十月五日付
(33)日本住宅公団20年史刊行委員会『日本住宅公団20年史』日本住宅公団、一九七五年、五六ページ
(34)「読売新聞」一九六六年七月二十八日付
(35)「毎日新聞」一九六六年九月十四日付
(36)前掲『新八王子市史 資料編6 近現代2』八四四―八四九ページ
(37)「サンケイ新聞」一九六七年十月十九日付
(38)町田市企画部団地白書プロジェクトチーム編『団地建設と市民生活――団地白書』町田市、一九七

〇年
(39)「日本経済新聞」一九七二年二月十五日付
(40)「読売新聞」一九七二年四月一日付
(41)「朝日新聞」一九七二年四月一日付
(42)「読売新聞」一九七一年六月一日付
(43)前掲『これぞ人間試験場である』一六ページ
(44)「朝日新聞」一九七二年二月五日付
(45)「朝日新聞」一九七六年十一月十二日付
(46)田中まゆみ「多摩ニュータウンの地域活動」、上野淳／松本真澄『多摩ニュータウン物語――オールドタウンと呼ばせない』所収、鹿島出版会、二〇一二年、一五三ページ
(47)「サンケイ新聞」一九七五年十月十九日付
(48)「丘」第六号、多摩ニュータウン新しい文化を創る会、一九七九年、二八ページ
(49)「丘」第四号、多摩ニュータウン新しい文化を創る会、一九七三年、三〇ページ
(50)この特集の全四回の内容は以下のとおりである。第一回「診てもらう側の論理」では、住民に対するアンケート調査をおこない、患者（住民）側の不満や要望を探り、さらには七つの具体的な団地内医者の「勤務評定」をもおこなっている。第二回「診る側の論理」では、これらの患者の意見を地域の医者にぶつけ、医者に対するアンケート調査をおこなった。ところが、このアンケートには一切回答しないことが医師会により決定されたため、ほとんどの医者から回答を拒否されたという。そのため、医事評論家に前号の住民アンケートの結果を見せ、コメントをもらう形になっている。第三回「救急医療をどうする」では、救急医療に関する住民の証言や行政当局へのインタビューから救急医

療の課題を浮き彫りにし、最終回となる第四回で「ニュータウンの医療総点検」として、住民による座談会を実施している。
(51) 前掲「丘」第三号
(52) 一方では、確かに「丘」に集う人々は専業主婦の割合が高く、だからこそこれらの活動が可能だったという側面も否定できない。多摩ニュータウンの特性とも関わりながら、性別役割分業の視点からの検討がまた別に必要だろうが、ここでは踏み込まない。
(53) 前掲『多摩市史 通史編2 近現代』九〇五ページ
(54) 前掲「丘」第三号、二六ページ
(55) 清原一紀「近隣センター商店街の栄枯盛衰」、前掲『多摩ニュータウン物語』所収、一六六ページ
(56) 同論文一七二ページ
(57) 前掲「多摩ニュータウンの地域活動」一六〇―一六一ページ

第4章　移動と定住——ニュータウンの住環境

本章では、ニュータウン住民の「移動」に焦点を当てる。

多摩ニュータウンへの居住地移動は、しばしば「住宅双六」になぞらえられる。人生が始まってから、木造アパート、公営住宅、分譲マンションなど転々と住宅を替え、「庭つき郊外一戸建住宅」を「上がり」とする人生模様を描いた「住宅双六」を念頭に置きながら、多摩ニュータウンを双六の中継地点とする居住地移動の動態を、住環境の向上と照らし合わせながら検討する。

1　「住宅双六」と居住地移動

高度経済成長期の「住宅双六」

日本の郊外住宅地は、戦後一貫していわゆる「住宅双六」に沿って形成されてきた。多摩ニュータウンも、いうなればこの「住宅双六」の一部のマス目を確保すべく開発されてきたわけである。

「住宅双六」(1)とは、建築家・上田篤が一九七三年に発表した造語であり、赤ん坊として生まれてか

図15　現代住宅双六
（出典：「朝日新聞」1973年1月3日付）

ら、人生の経過とともに住み替えを繰り返してステップアップし、最終的に「庭つき郊外一戸建住宅」を人生の「上り」とするものである。

図15では、「ふり出し」から「上り」まで次のように表現されている。

ふり出し→①ベビーベッド→②川の字→③子供べや→④寮・寄宿舎→⑤すみこみ→⑥飯場・ドヤ→⑦はなれ・同居→⑧橋の下・仮小屋→⑨下宿→⑩木造アパート→⑪公団単身者アパート→⑫公営住宅→⑬長屋町家→⑭社宅→⑮危険地・公害地・老朽住宅→⑯公団・公社アパート→⑰老人ホーム→⑱賃貸マンション→⑲宅地債券→⑳別荘地・トレラーハウス→㉑建売分譲住宅→㉒分譲マンション→㉓分譲宅地→庭つき郊外一戸建住宅（上り）

「橋の下」「危険地」など、ところどころに「落とし穴」もあるが、おおむね人生の階段をのぼっていくように順調に住宅がランクアップしている様子が見て取れる。この「住宅双六」は、高度経済成長期以降、一九七〇年代初頭までの住宅事情と経済的な上昇志向を風刺的に描いたものとして、その後も繰り返し言及されていくことになる。

上田自身は、この図について「国民の住居の最終目標が「一戸建のすまい」にあり、「アパート」も「マンション」も、みなその間の「仮の宿り」であるような、一種の「住宅双六」とでもよぶにふさわしい絵模様が現実に存在している」[2]と説明しているように、郊外庭付き一戸建て住宅を手に入れることが高度経済成長期の庶民にとって共通の最終的な夢であり、それこそが人生の成功の象徴とされていたのだ。
こうした夢を広く共有できたのは、終身雇用・年功序列といった雇用慣行のなかで、年を追うごとに収入が右肩上がりに増えるという人生設計が可能だったからである。しかも、土地神話のもとで地価が上昇を続けていたため、住宅を所有することは資産を形成する手段でもあった。所得の増加と政府の持ち家政策の推進、住宅金融公庫による住宅ローン制度の拡充なども相まって、この時期の人々の住宅の購買意欲はかつてないほど高まっていた。こうして郊外庭付き一戸建て住宅への同質的な欲求が一気に噴出していったのである。

このような時代背景から生まれた「住宅双六」は、「双六」という形式をもつことから、サイコロを振って出た目の分だけ、すなわち社会階層の上昇とライフコースの進展に応じて、住宅形式が変化していく例えとして一般には理解されている。つまり、所得が増加し経済的・社会的な地位が上昇するにしたがって、その階層にふさわしい住宅を単線的かつ階梯的に選択していくわけである。社会階層の上昇と居住場所・住宅形式とを対応させ、ライフコースにおける典型的な住宅選択を「双六」に見立てたことにその特徴があったといえる。

しかし同時に、こうした住宅選択には、居住地の地理的な移動を伴っていることにも留意する必要がある。単に社会階層が上昇するだけではなく、居住地自体も動くのである。一般に都市への集住が進むと機能分化が進み、各機能に応じて諸施設が配置されていく。すると、経済的な状況や社会的な地位などに応じた居住区域のすみ分けがなされていく（これを「居住分化」という）。社会階層が上昇（あるいは下降）すると、その社会階層に適した住宅形式が集まる地域に転居することになるのである。

たとえば、「住宅双六」のなかの⑬「長屋町家」、いわゆる「木造密集市街地」は、その多くがインナーシティ（都心部周辺の旧市街地）に立地するが、「上り」の「庭つき郊外一戸建住宅」は、その名のとおり都市の外縁部である「郊外」に形成される。⑯「公団・公社アパート」もその立地は限られ、多くは郊外にある。したがって、「住宅双六」のプレイヤーである間は、双六のコマがマス目を物理的に動いていくのと同じように、人生のコマが進むにつれて必然的に転々と居住地の地理的な移動を繰り返していくことになる。

このように「住宅双六」は、社会階層と居住地移動の二側面を内包するものとして捉えられるが、この構造は人の移動そのものに対しても当てはまる。移動には一般に、社会的移動（階層移動）と地理的移動（人口移動）の両面が含まれ、これまで相互の関係性を問うことに大きな関心が払われてきた。「住宅双六」も階層移動と人口移動の結合によって把握されるべきものである。

「根無し草」の実態

では、「住宅双六」のプレイヤーは、どのような経路を通って多摩ニュータウンというマス目に止まり、その後どのルートをたどって、どこに進んでいくのだろうか。多摩ニュータウンはさまざまな都市機能の結合体であるため、「住宅双六」のマス目と対応させるのは難しいが、一九七三年の段階ではおおむね⑯「公団・公社アパート」あたりが妥当なところだろう。

東京都南多摩新都市開発本部が一九七二年二月に多摩ニュータウン諏訪・永山団地全世帯を対象

に実施した調査[3]によると、多摩ニュータウンに「永く住むつもり」と答えた割合（永住志向）は三七％であり、「永く住むつもりはない」（転居志向）と答えた二五％をやや上回っている。これを分譲・賃貸別にすると、賃貸でその比率が逆転し、転居志向が優位になる。また、住宅の広さを示す住宅タイプ別でも、１ＤＫ、２ＤＫの入居者では転居志向のほうが多い。さらに、「永く住むつもりはない」という転居志向者に非永住を決意した時期を尋ねると、四三％が応募のときにすでに永く住まないことを決め、入居した時点で決意した一六％を合わせると、実に六割の入居者が入居した段階で転居の意思を固めていたことになる。なお、この調査は多摩ニュータウン第一次入居者に対するものであり、初期入居者の意識を最も早い段階で調査したものである。

また、多摩ニュータウンに入居したときに、「新しい都市の住民になるような気持ち」で入居したか（都市志向型）、「ふつうの団地に入るような気持ち」で入居したのか（団地志向型）を尋ね、ニュータウンという空間への特別な意識の有無を探っている。その結果、都市志向型が三二・一％で、団地志向型六五・三％の約半分となった。つまり、多くの住民がニュータウンを都市としてではなく、ふつうの団地の延長線上にあるとみなしていたということができる。しかも、団地志向型が公団賃貸入居者に多く、都市志向型が公団分譲入居者に多い。つまり、永住意思が弱くかつ流動性に富んでいる層が公団賃貸入居者ということになる。

この調査がおこなわれた一九七二年二月の時点では、公団賃貸の供給数が公団分譲よりも圧倒的に多く、回答数でいえば公団賃貸の二千八百八十五に対し、公団分譲は七百十三にすぎなかった。つまり、当時の多摩ニュータウン居住者の多くは、意識のうえでも流動性が高く、転居志向が優位だったということになる。自称・他称ともに「根無し草」と評されるゆえんである。

流動性の高さについては分譲住宅でも同様で、一九八〇年に次のような問題が表面化している。多摩市企画部が分譲住宅入居者の定住率について調査したところ、公団分譲住宅の四割以上が転売されていることが明らかになったのだ。[4]七一年三月から入居を開始した諏訪二丁目住宅（六百四十戸）では、転売戸数が七三年に五戸、七四年に十一戸、七五年に三十八戸だったものが、七六年になると七十戸に増え、七七年に六十七戸、七八年に五十四戸、七九年に五十七戸と、七六年から七九年の四年間は毎年全戸数の一割近くが転売され、入居開始当時から通算すると、全戸数の四七・二％にあたる三百二戸が入れ替わっているという。この記事では、多摩市企画部の担当者が「転売して、同じニュータウン内の３ＬＤＫ、４ＬＤＫといったややゆとりのある分譲住宅に移った人が結構あったと聞いていたが、毎年一割もの人が転売していたとは……」と、驚きとともにコメントしている。

前住地と出身地

では、多摩ニュータウン居住者は、どのような経路を経て多摩ニュータウンに入ってきたのだろうか。先の入居当初の調査では、「前住地」も調べている。それによると、都道府県別で見れば、東京都が圧倒的に多く七八％を占める。神奈川県は一〇・三％だが、埼玉県と千葉県はいずれもわずかに二％程度である。また、新宿を起点とする中央線、京王線、小田急線の沿線地域からの来住者が圧倒的に多く、下町（台東・墨田・江東）、都心（中央・千代田・港）、東部（足立・葛飾・江戸川）、城北（荒川・北・板橋）などからの来住者は著しく少ない。このように、距離的に比較的近く、また沿線を通した文化圏を共有するような地域からの移動によって支えられていることがわかる。

これは「前住地」、つまり多摩ニュータウンに入居する一つ前の居住地のことであり、「住宅双六」でいえば、多摩ニュータウンというマスに止まる一つ前のコマの状態が明らかになったにすぎない。さらにその前のコマの状態がわからなければ、「住宅双六」のプレイヤーの姿は見えてこない。この点に関しては次のような興味深い調査がある。

早稲田大学社会科学研究所居住環境部会による一九七〇年代末の調査で、「前住地」とは別に、小学校卒業時の居住地を「出身地」と定義して調査したところ、「出身地」は全国各地に散らばっていることが判明したという。[5] 東京大都市圏[6]出身者は二八・八％で、関東地方全体を含めても四〇％にすぎなかった。つまり、関東以外の地方の出身者が六割に達していることになる。同じ調査で「前住地」を尋ねると、東京大都市圏が九六・八％といういうきわめて高い割合を示している。

ここから明らかになったのは、一九七〇年代の時点で、「流動性の高い」「根無し草」である地方出身者が、いったんは東京都心部もしくはその近郊に居を構え、その後、幾度かの抽選を経て[7]多摩ニュータウンにやってくるという、まさしく「住宅双六」のプレイヤーとしての典型的な「新住民」の姿だった。

住環境の変化と定住意識

多摩ニュータウンでの人の動きは、このような大都市圏をめぐる人口移動現象の一つを構成するものとしてダイナミックに捉える必要があるが、これはマクロレベルでいえば、大都市圏の拡大現象としてまずは理解できるだろう。すなわち、高度経済成長期に地方から特に若年人口を吸収して巨大化した都市が、さらに外縁部まで拡大して新たな住宅地を開拓し、郊外化現象を引き起こした。多摩ニュータウンはまさしくその過程のなかで生まれたわけである。

一方、大都市圏での人口移動は、ミクロレベルで見れば、人々の住み替え現象によってもたらされたとも捉えられる。すなわち、住み替え行動という具体的な選択の集積を通じて、大都市圏の人口移動を把握しようとする考え方である。

近年では、世帯のライフステージの変化など個人的な動機による住み替えの行動原理を明らかにしようとするミクロレベルな関心が目立ち[8]、移動者に対して移動理由を尋ねる移動理由調査や、ライフサイクルのさまざまな段階のなかで居住地選択や移動を捉える試みが重視されるようになってきた[9]。特に、ニュータウンのような大都市圏の外延的拡大によって形成された郊外については、その拡大の原動力がライフコースの進展に伴う居住空間の拡大欲求にあったため、住民のライフコースと住居移動とを関連づける研究も多い[10]。

そこで以下、居住地選択という観点から、多摩ニュータウンでの住み替え行動について考えてみたい。ただし、一言で住み替え行動といっても、時期によって大きく異なる。とりわけ多摩ニュータウンの場合は、開発時期によって賃貸・分譲の比率や住戸面積が大きく変化している。また、交通事情や周辺環境も徐々に改善していったため、居住者による住環境への評価も時代とともに変わっていく。
先に触れた東京都南多摩新都市開発本部による一九七二年二月の調査の段階では、「永く住むつもり」と答えた住民は三七％だった。ところが、同じ調査機関による経年調査でその変化を追っていくと、七三年十二月調査で四七・八％、七五年十二月に五三・五％、七六年十二月に五六・一％、七八年一月に五九・〇％と、右肩上がりに上昇している。これは、「陸の孤島」といわれた初期入居時の住環境が徐々に改善したことに加え、分譲の比率が増え、住宅環境も好転していった結果と考えられるが、こうした「定住志向」の変化は、住み替え行動にも大きな影響を与えている。
日本住宅公団南多摩開発局による一九八一年のアンケートで、七三・五％が「ここに住み続けたい」と回答したことを報じた「日本経済新聞」では、「たしかに定住意識は高くなったと思います」という住民の声を載せている。

ニュータウンから出ていくのは、転勤でやむを得ない人ばかり。私がふだん接している住民の九割近くは、ここに住み続けたいと言っていますよ。それというのも十年たって、ニュータウンの環境が見違えるようによくなったからでしょう。(11)

また別の住民も「まちは変わった」として、次のようなコメントを寄せている。

ここへきたばかりのころは、多摩センター駅前は店どころか電話ボックスさえなかったし、風のある日は砂じんが舞い、まるで西部の開拓地のようでした。団地のまわりも殺風景で、いつまでも住むつもりなど、まるでなかった。それがいまでは駅前が整備され、団地のまわりの環境もがらっと変わり、本当に住み良くなりました。[12]

そして、住環境の変化について同記事では次のような描写をしている。長くなるが、変化の様子を具体的にわかりやすく伝えているので次に引用してみよう。

実際、多摩ニュータウンは初めのうちは、砂ぼこりの中に、巨大なコンクリート住宅が立ち並ぶ、荒涼としたまちだった。ところがいまはそうではない。緑も豊富、生活も、見違えるほど便利になった。

たとえば公園。これまでに完成した公園は児童公園を含めて四十六カ所。公団によると、住民一人当たりの公園緑地面積は十六平方メートルで、東京都全体の三平方メートル、区部の二・四平方メートルに比べ、抜群の広さである。公園と緑地のなかに、住宅が立ち並ぶといってもいい。

しかも公園の特徴はそれぞれ違う。たとえば落合団地の落合南公園は、傾斜地に樹木と芝生を植え付けた緑地公園で、ゆっくりくつろいだり、子供たちとボール遊びが楽しめる。豊ヶ丘団地の豊ヶ丘公園は、真ん中に池があり、その周りにジョギングコースも兼ねる遊歩道ができている。また八王子市の松が谷団地の大塚公園はクヌギ、コナラ、シダなどの自然林をたっぷり残した自然公園といった具合だ。テニスコートや球技場を設けた公園もかなり多い。

道路にしても、団地内は歩行者専用道路が車道とは別の、独自のネットワークで張りめぐらされ、やむなく車道と交差する場合でも、立体化されていて、事故の不安はほとんどない。しかも歩道橋は幼児やお年寄り、身障者に配慮して、傾斜地をうまく利用、上り降りしなくてもすむところがほとんどだ。またそれらの歩行者専用道路は、たいてい公園とつながっているうえに、道路でもゆっくり話せるようにとのねらいから、ところどころにベンチも置かれている。

一方、ニュータウンには、スーパーをはじめ、クリーニング店、薬店、電気製品店などのほか、銀行や郵便局などもできて、日常生活にも事欠かない[13]。

わずか十年前の「陸の孤島」と呼ばれていた時期とは雲泥の差であることがわかるが、十年たってようやく落ち着いてきたということなのだろう。多摩ニュータウン住民の居住地選択行動について調査した行動地理学者の若林芳樹も、「一九八〇年代以後にNT地域での住民の定住意志が高まった[14]」と評している。

2　〝住みやすい〟のに〝住みにくい〟

定住か移動か

若林が一九九六年に実施した調査では、住環境の満足度については、「できれば永く住み続けたい」「当分の間は住むつもり」を合わせると八一％に達し、「多摩NT住民の定住意志はかなり高い」と結論づけている。確かに、多摩市全域を対象におこなわれる多摩市の世論調査でも、住みよさに対して肯定的に評価する者（「住みよい」「どちらかというと住みよい」と回答した者の合計）が九〇年代以降は九〇％前後で推移し、対象地域が同一ではないものの住環境の満足度がきわめて高い回答が得られている。

ところが、若林の調査では同時に、住環境には満足し、定住意志も比較的高いものの、住宅の広さや間取り、設備といった構造上の問題に対する不満が相対的に強いという結果も現れている。つまり、街としては「住みやすい」が、住宅そのものは「住みにくい」というのである。

この結果は、同じく多摩ニュータウンで住環境の満足度調査をおこなった杉浦芳夫と石崎研二の調査結果とも符合する。多摩ニュータウンの安全性、保健性、利便性、快適性に関する満足度は高かったにもかかわらず、やはり住宅状況に関わる満足度の低さは際立っていた(15)。

先に引用した記事でも、街はよくなったが住宅そのものについては満足に思っていない実情について、あわせて伝えている。「ニュータウンにはこれからも住みたいが、いまの住宅ではどうも、という人」が多く、「特に狭い賃貸住宅で不満が強く、実際、最近、諏訪、永山地区の2DKや3DKの賃貸から、一回り広い分譲住宅に移る人も少なくない」という。つまり、一九八〇年代以降、周辺の環境の満足度は上がり、定住志向も劇的に上昇したが、一方では、住宅の広さや設備に対しては不満に思っているのである（図16）。

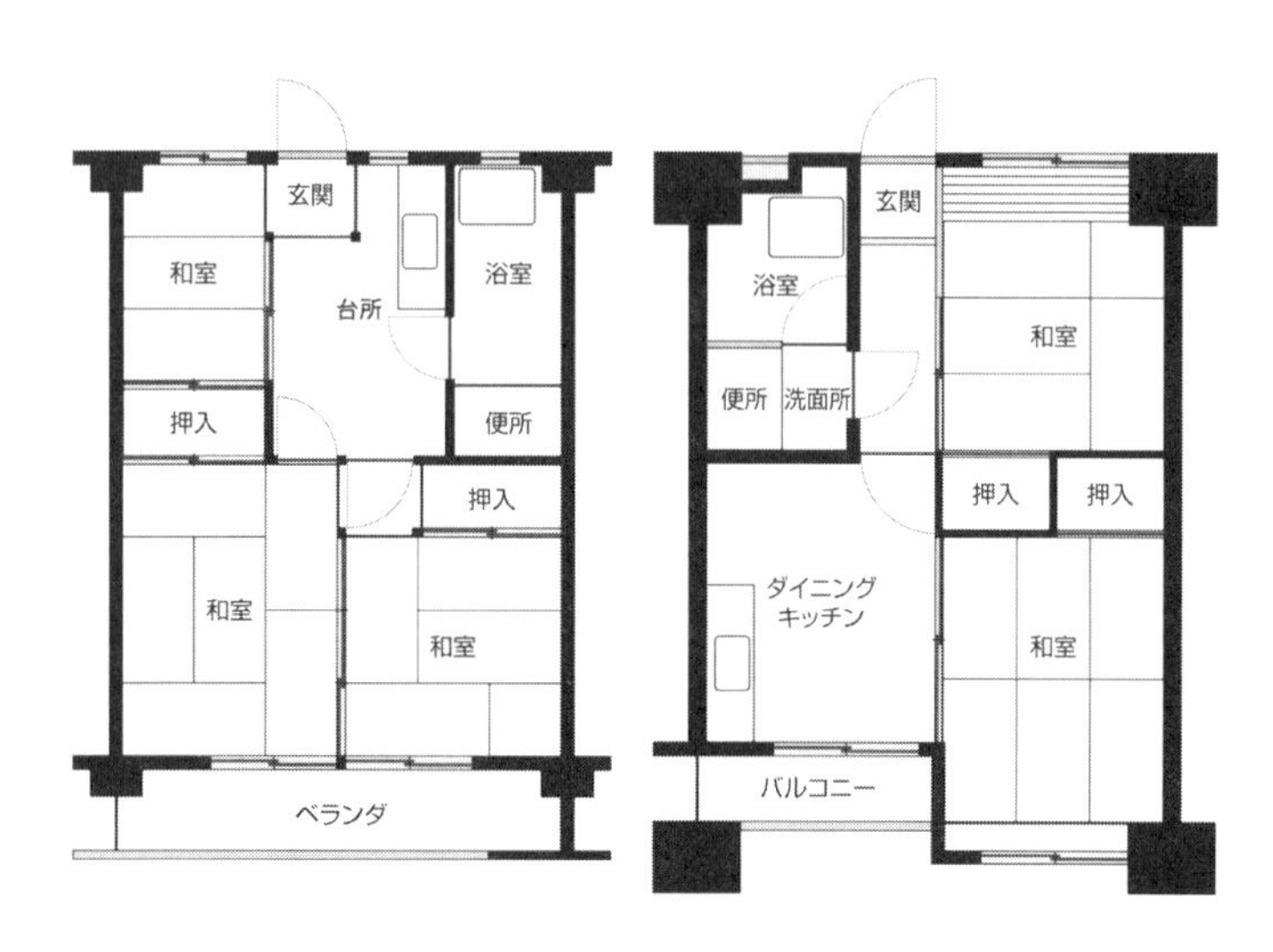

図16　1971年入居の団地間取り　左：都営住宅（諏訪4丁目）　右：公社住宅（愛宕）
（出典：前掲『多摩ニュータウン開発の軌跡』37ページ）

この「住みやすさ」と「住みにくさ」が同居する事態の解消にあたっては、おおむね二つの方向性が考えられる。一つは新たな住環境を求めて周辺環境の満足度が高いニュータウン内で移動すること、そしてもう一つは、広さには目をつぶりながら現居住地に住み続けて設備や間取りなどの住宅環境の改善を図ることである。そこで以下、それぞれの対応について見ていきたい。

新たな住宅供給

先の若林の調査結果では、多摩ニュータウン区域に対する住環境の満足度が高いために、都心回帰の見込みは薄く、同じ多摩ニュータウン内での住み替え移動の可能性が高いとも指摘されている。つまり、多摩ニュータウンをめぐる人口移動に関しては、ニュータウン区域内で完結するような居住地移動が志向されていることになる。

一九八〇年二月三日の「朝日新聞」では、「強い「仮の宿」意識」という見出しで、多摩ニュータウン内の公団諏訪団地（分譲・３ＤＫ）から、同じく諏訪地区の公団庭付きテラスハウス３ＬＤＫに移転した事例を紹介している。

七歳の長男一人で、狭くはなかったが、将来、親と同居することも考え、住み替えた。前の家が四階で、階下への音など、周囲に気がねなく暮らしたい、と思っていたことも転居の理由だった。

ニュータウンからは離れたくなかった。「環境を買ったんです」と、妻の弘子さん（四三）。狭い民間アパートに住んでいた夫婦は、ニュータウンへ移って一年後に、子どもに恵まれた。結婚して十年たっていた。「青い空に緑。環境の影響って大きいんですね。それに、ここなら子どもも親も、友だちがいっぱいいるでしょう」(16)

多摩ニュータウンの環境に満足しているけれども、周囲への騒音の気兼ねから住宅には満足していなかった。だからこそ、多摩ニュータウン内で、より広い住宅への移動を選択したのだろう。

杉浦と石崎の調査でも、多摩ニュータウン区域内の居住地移動が多いことを示唆しているが、その理由として、多摩ニュータウンが現在も建設途上にあり、新しい住宅が供給され続けていることを挙げている。しかも、その居住地移動は短距離が目立ち、前住地から遠くない範囲での新居の探索がおこなわれているというのである。

いずれの調査でも、多摩ニュータウンの人口動態について、人口の「送り出し」と「受け入れ」が同一地域内もしくは近距離にあり、この限定的な人口移動圏で住み替えが完結的に進行しているという実態を浮き彫りにしている点で共通していた。もちろん、これまでと同様にニュータウン外部からの新規流入も一定規模で存在してはいるものの、前記調査からの知見をふまえれば、多摩ニュータウンでの人口移動は、都市から郊外へという都市の外延的拡大として捉えるだけでは十分とはいえず、自律的な人口移動圏内部の住み替えとして把握する必要性もあるのである。

多摩ニュータウン内での居住地移動が多い理由として、現在も新しい住宅が供給され続けていることが挙げられていたのは先述のとおりだが、多摩ニュータウンの住宅構成の特徴については若干の補足が必要だろう。

多摩ニュータウンは、三千ヘクタールにも及ぶ広大な計画区域を一気に開発していったわけではなく、二〇〇五年の多摩ニュータウン事業終了にいたるまでのおよそ四十年間、段階的に開発されてきた。一九七一年の多摩市諏訪・永山地区（5・6住区）の入居開始を皮切りに、そこからおおむね東西へと順次開発区域を移動させていき、新しい街が生み出されていった。

開発時期の違いによって、街のつくりや住宅も異なっていて、第2章で具体的に見てきたように、いわゆる箱型の団地が無機質に立ち並ぶような大規模団地型からの脱却が図られ、住宅の多様化・大規模化が進んでいった。

新しく開発されるということは、その時点での最新の設計思想に基づいた新規住戸が供給されることを意味する。したがって、初期に入居が始まった地域では建物が老朽化し、居住者の高齢化が進んでいても、開発が始まったばかりの地域では街自体が新しく、居住者がきわめて若い世代で占められることになる。つまり、多摩ニュータウンの人口構成は決して一様ではなく、住宅の種類や入居開始時期によって入り組んだ様相を呈しているのである。

こうした住宅供給の多様性に加え、多摩ニュータウンは、新住事業と土地区画整理事業という性質の異なる開発手法が併用されてきたことも、事態をさらに複雑にしている（第2章の図9を参照）。新住事業区域は、新住法に基づいて全面買収によって開発された区域のことを指す。同法の趣旨が住宅市街地の開発にあったために、商工業など、住宅以外の立地には多くの制約が付与され、土地利用はほぼ公的機関による住宅地に限定されている。

一方、区画整理事業区域は、土地の所有権は移動せず、土地家屋の移転によって住宅地としての整備を進めるため、土地利用に関しては土地所有者の意向が反映されやすく、小売業や民間アパートの立地が多い。多摩ニュータウンの開発以前から同地に居住してきたいわゆる「旧住民」の多くはこの区域に居住しているため、ほぼ「新住民」によって占められている新住事業区域と違って、区画整理事業区域では新住民と旧住民との混住化が進み、コミュニティ意識も大きく異なっている。

多摩ニュータウンは、このような開発手法の違いによって、住宅の種類や供給主体に大きな隔たりがある。したがって、多摩ニュータウンでの住み替えについて考えるには、この新住事業区域と区画整理事業区域の相互の関連も考慮に入れる必要があるのである。

住宅階層という差別問題

一方、住宅供給の多様性は新たな問題を生み出した。多摩ニュータウンは東京都、日本住宅公団（現・独立行政法人都市再生機構＝UR）、東京都住宅供給公社の三者で開発されてきたため、供給される住宅も、その主体によって都営・公団・公社・民間などに分かれる。また、所有形態によって分譲と賃貸に分類されるため、それらの組み合わせにより住宅のバリエーションが規定される。すなわち、公団（UR）の分譲と賃貸、公社の分譲と賃貸、都営の賃貸（都営に分譲はない）、そして民間の分譲と賃貸、というパターンによって多摩ニュータウンの住宅が供給されてきたのである。

これらの多様な住宅が混在して配置されることで住区が構成されているが、しかし実際には、その配置は均質的にミックスされているのではなく、都営住宅が多い住区、公団賃貸住宅が集中する住区といった具合に偏りが見られる。一般に、低廉な賃貸住宅に高齢者が集中する傾向があるため、賃貸住宅が多い地域は高齢化率が高くなりやすい。

また、経済的・社会的な階層によって居住分化がなされているため、このことが住み替えの選択にも大きな影を落としている。公団の賃貸住宅に居住する多摩ニュータウン住民である岡巧は、同じニュータウン住民から聞いたという次のような「実話」を紹介している。

子どもの会話を聞いていると、ポンポンと「ブンジョウノコ」とか「トエイノコ」といったコトバが平気でとび出すんですね。そのコトバが何ら意識されずに出てくるのなら、まあ仕方がないとは思います。だけど、そうじゃなくて、たしかに蔑視ないし羨望の意味がこめられている。だから、親たちが無意識に使っている「トエイ」とか「ブンジョウ」といったコトバのニュアンスを子どもなりに受けとめてしまっているんですね。それが子ども同士の違和感となってしまうのです[17]。

あわせて岡は、住民の階層差を「ニュータウンの一定の場所で培養するような結果となった」と批判し、「入れられたイレモノの種類によって、私たち自身が差別的管理を受け入れてしまっている[18]」と告発する。

こうした事態について竹中英紀は「住宅階層問題」と呼び、「地域社会において、ある種別や区域の住宅に住む集団と、ほかの種別や区域の住宅に住む集団とのあいだで、社会経済的な格差や異質性が顕在化し、差別や紛争の原因となっていく現象のこと[19]」と定義している。

第2章で触れたように、「行財政要綱」により、賃貸住宅と分譲住宅の比率（賃分比率）は漸次変更され、分譲住宅の割合が年々増加してきている。これは地元自治体の財政問題を解決するための政治的な決着に基づくものだったが、分譲住宅の比率を高めた結果、逆に都営・賃貸住宅の割合が低くなり、特に都営住宅の住民はさらに少数派になっていくことで、いっそう差別意識が先鋭化していくのである。

バブル経済に翻弄される住宅供給

多摩ニュータウンでは開発時期がずれていたために、開発区域を徐々に拡大するように継続的に新しい住宅が供給されていた。だからこそニュータウン区域内での住み替えも可能だったのだが、一九八〇年代以降のバブル経済によって住宅価格が高騰し、住み替えや新規入居を阻む事態も進行した。第3章で述べてきたような「低廉な住宅の大量供給」という多摩ニュータウンの当初の目的からは遠ざかり、バブル期にいたって「高級で値段の高い街」のイメージが定着するとともに、新規住宅の安定供給にはほど遠い状況に転じるのである。

バブル経済による土地の高騰は、通勤距離圏を劇的に広げた。それまで都心から三十キロ圏は遠距離通勤圏として敬遠されていたが、一九八〇年代の地価高騰期に入ってからは、可住範囲が五十キロ圏から外側へと広がり始めていく。そのため、三十キロ圏に位置し、緑も多く都市基盤が整備されている多摩ニュータウンは、地価高騰期に一躍人気が出てくるのである。

このようななかで、四千七百六倍という気が遠くなるような倍率を記録したのが、一九八九年に分譲された八王子市南大沢地区の「四季の丘」だった（写真16）。土地所有者は東京都、建物の事業主体は東京都住宅供給公社、分譲は両者の共同分譲で、南大沢駅から徒歩十七分、敷地面積が百八十一平方メートルから二百五十五平方メートル、分譲価格が五千五百万円台から七千六百万円台だった。サラリーマンの年収をはるかに超えるものだったが、それでも近隣の市場価格と比べれば、半値以下ともいわれる「破格の安さ」だったという。応募者は三万四千三百八十一人で、平均倍率は七百六十四倍、最高倍率は四千七百六倍だった。多摩ニュータウン内では、平均倍率・最高倍率とも、過去最高を記録した。[20]「破格の安さ」になった理由は、土地を取得した時期が古く、地価はそのときの基準をもとに周辺の半値以下に算定されていたからだという。[21]

モデルハウスを公開していた一九八九年九月二十九日から十月八日の期間中の来場者は二万九千五百三十一人を数え、日曜日となった十月一日には、最高の七千四百十六人を記録した。現地事務所に相談に来た人のほとんどが買い替え組であり、[22]この価格帯では買い替えるべき持ち家をもたない新規取得者では購入が困難だったことを示していた。実際、四十五戸の当選者のうち、八人はあらかじめ辞退、二人が契約当日に銀行の融資条件を満たす資料を提出できずに辞退している。[23]

写真16　四季の丘

この事態を受け、「中堅所得者層を対象にした住宅の大量供給」を住宅政策の基本とする東京都住宅局から、「公的機関が、ほんの一部の人の資産を増やすために一戸建てを造る必要はあるのか」という批判が出るにいたった。東京都南多摩開発本部内でも、「たくさんの人が住める集合住宅を大量に建設すべきだ」と一戸建て見直し論が高まり、その結果、東京都では、多摩ニュータウンの住宅政策を転換して、代わりに中高層マンションを増やす方針を決めている。

ところが、バブル経済が崩壊すると、一転して地価急落の影響が現れる。バブル期に土地を購入して建設したものの、販売する段階になってバブルがはじけ、大量の売れ残りが出るようになったのである。特に東京都住宅供給公社の場合は、民間市場が急速に下落したにもかかわらず、土地購入費と建設費に販売費用などを上乗せして価格を設定する原価主義をとっているために、市場と連動した価格設定ができずに、いっそう割高感が際立ち、売れ残りは深刻だった。

公社では、内部に検討委員会を設け、分譲価格の値下げ、支払い条件の緩和、分譲から賃貸への切り替えなどの対策を議論、値下げに踏み切って売り切ろうとしたところ、今度はバブル期に正規の価格で買った現入居者との軋轢が生じる事態にいたったのである。

東京都住宅供給公社による分譲住宅「ノナ由木坂」（八王子市別所二丁目）は、こうした問題が集約的に現れた事例として、当時の新聞・雑誌を大いににぎわせたマンションとして知られている（写真17）。ノナ由木坂では、一九九一年に募集、九三年三月に入居を開始したものの、当選者の辞退が相次ぎ、全二百五十二戸のうち三十一戸が未入居だったため、売れ残りを平均三四・九％値引きして販売することに決定する。[24] 値引き額は平均二千七百万円になった。同じく全百三十五戸のうち七十八戸が売れ残った近隣の「コープタウン見附橋」も二五・〇％、千四百七十万円の値引きとした。[25]

ところが、現入居者はこの値下げに反発、管理組合はモデルルーム公開の一九九八年二月十四日に、マンション敷地の入り口にテントを張り、「管理組合が許可していないので立ち入りはできません」と書いた看板を立て、在庫物件の見学を阻止、見学者には住民の主張を書いたビラを配るなどの抗議行動をとる。[26]これに対し公社は、九八年二月二十三日、管理組合に対してモデルルーム案内を妨害しないよう求める仮処分を地裁八王子支部に申請[27]、三月十六日に地裁八王子支部は管理組合に対して通行を妨害しないよう命じる仮処分決定をした[28]。結局、管理組合と公社は九八年六月二十五日に仲裁案に合意し、公社が組合に対して遺憾の意を表明したうえで紛争解決金二千二百十万円を支払い、組合側は反対活動をやめることで決着する[29]。しかしそのときに売れたのは三十一戸のうち十四戸で、引き続き売れ残り在庫を抱えることになった。そのため、二〇〇四年四月には、売れ残った十七戸に対し、一九九一年当時の売り出し価格と比べて実に最大七一%の値下げで売り出すのである[30]。

写真17　ノナ由木坂

ここで取り上げた四季の丘やノナ由木坂だけでなく、一九八〇年代から九〇年代にかけて、全国のマンションでバブル経済に翻弄され、いわゆる「狂想曲」と形容されるほどさまざまな問題が噴出していた。もちろんニュータウンでも同様である。千里ニュータウンを擁する吹田市では、九二年に地価が三四・二%下がり、市町村別で全国一の下落率を記録した[31]ように、バブル経済の余波はニュータウンをも直撃するのである。

地価の異常高騰とその反動としての下落は、ニュータウンでの住宅取得行動にも変化をもたらした。特に住み替えは、景気変動に伴う不動産市場の影響を受け、収入や経済状態、さらにはライフステージに応じたタイミングなど、さまざまな要因が複合して居住地移転がなされる。そのためバブル崩壊後は、雇用の不安や年収の停滞が顕在化し、背伸びした住宅ローンは組めなくなるためそれまでのような自由度が高い住宅選択は困難になる。こうして新築物件だけではなく、中古物件や賃貸物件、あるいはリフォームやリノベーションによる既存住宅の改造といった選択肢の組み合わせによって、現実的な住宅選択がなされていくようになるのである。

3　居住空間の快適化

リフォームという〝住みこなし〟

その現実的な住宅選択の一つである、現居住地に住み続けるという選択をしたうえで、住みやすくするための工夫を施す取り組みについて詳しく見ていきたい。それは、〝住みやすい〟のに〝住みにくい〟という問題を解消するための方策の一つでもあった。

特に、前節で見てきたような経済状況をふまえれば、より積極的で現実に即した〝住みこなし〟の一環として、居住者自身が自らの居住空間をいかによりよくしていくかという住戸改善の取り組みが重要になってくる。そこで、その〝住みこなし〟の具体的な様相を探ってみたい。

新築で入居したとしても、住宅は時の経過とともに必ずいたるところが老朽化し、不具合も増えていく。そのため、修理や改修、交換など、居住者自身が随時手を加えていかなければ、居住の継

表7　リフォームの内容

リフォーム内容	賃貸	分譲	特徴
壁紙、ふすまの張り替えなど、表面的な補修	多	多	老朽化の進行が早い箇所、住宅備品の品質向上と同期→短い間隔での更新
浴室、トイレなどの水回りの改修			
天井板、床仕上げの張り替え	少	多	賃貸は原状回復義務があるため、大規模リフォームは少なく、軽微な補修にとどめる
間取りの変更			

（出典：福本哲士「住宅・都市公共施設の賦活・再生」〔上野淳／松本真澄『多摩ニュータウン物語――オールドタウンと呼ばせない』所収、鹿島出版会、2012年〕をもとに作成）

続は不可能である。そこで要請されてくるのがリフォームである。リフォームとは、一般には老朽化した施設や設備の手直しや改装を意味し、既存の建物に大規模な改修を施すことで性能を向上させるリノベーションとは異なり、マイナスの状態のものをゼロの状態に戻すための機能の回復というニュアンスをもつ。したがってここでは、居住者が生活の工夫の一環として手を加える程度の規模による改装を想定し、居住者の変更などに伴って資産価値向上のために内外装を大々的に改修するような大規模リノベーションは対象としていない。

さて、リフォームの様態は、当然のことながら分譲住宅と賃貸住宅で大きな差異がある。開発初期に供給された多摩市諏訪・永山・豊ヶ丘・落合地区の住宅リフォーム状況を調査した福本哲士によれば、リフォーム経験がある世帯は、分譲住宅では九割を占めるが、賃貸住宅では退居時に原状復帰しなければいけないため、約半数にとどまるという(32)。

表7は、分譲・賃貸別にリフォームの内容とその特徴を示したものだが、壁紙、ふすまの張り替えなどといった表面的な補修や、浴室、トイレなどの水回りの改修は、賃貸・分譲ともに

多い。特に水回り部分は老朽化の進行が早く、一方で住宅備品の品質が日々向上していることから、短い間隔で更新できる環境が整っているためと考えられる。逆に、天井板や床仕上げの変更、間取り変更などの大規模リフォームは、分譲住宅では多く実施されているものの、賃貸住宅では原状回復義務があるため、あまりおこなわれていない。

初期入居時の団地の住戸専有面積は、先述したとおり平均五十平方メートル程度であるため、子どもが生まれて家族が増えるとすぐに手狭になる。「行財政要綱」後に住戸面積の拡大が図られても、それでも家族の増加に伴い「狭さ」は切実な課題になっていた。そのため、住民の多くは当初の間取りを変更し、居住スペースの効率的な活用を図ることで解決しようとしていた。

福本の調査によれば、間取り変更の内容が住戸規模によって異なった特徴を見せ、五十平方メートル前後では、もともとはDKだった部屋を和室とつなげてLDKにし、生活スペースの拡大を図る事例が大半を占めるという[33]。また、収納スペースを犠牲にして居室を広くするという選択をするケースもある。つまり、寝室にベッドを置くことによって押し入れが不要になったため、その分を減らして寝室のスペースを広げるという工夫である。住戸面積六十平方メートル前後でも状況はほぼ同じで、DKと和室をつなげて一体的にLDKとして機能させるケースがほとんどだが、収納を改善するケースも見られるという。それ以上の広さでは、居室拡大の割合が減り、収納変更や間仕切り壁変更が増えるなど、自由度が上がって多様なリフォームの形になっている。

これらに共通する傾向は、まず食事・くつろぎ・接客の機能を一極化していることである。また、調理スペースが改善され、システムキッチン化されている例が非常に多く、さらに、共用生活スペースと就寝スペースの分離、和室の廃止、フローリング化という傾向も共通して見られる。

いずれも、当初の計画どおりの住宅設備や間取りでは居住の実態に合わなくなってきたため、いかに自らの住環境をよりよいものにしていくかという工夫だった。既存の建築物（ストック）を有効に活用し、長寿命化を図る体系的な手法のことを「ストックマネジメント」といい、老朽化が進むニュータウンでは公共建築物を中心にその重要性が高まりつつあるが、居住者自身がおこなうリフォームについても、今後はストックマネジメントの視点から総合的に検証されていく必要があるだろう。

住民による主体的な空間の読み替え

リフォームは、計画意図――第3章で検証してきたような開発者や建築家による「実験」――から解き放たれるための取り組みだった。言い換えれば、計画意図と現実とのズレをめぐる調整過程でもあったということができる。

一方で、このズレがきわめて大きい状態で顕在化したケースもある。その典型的な例が、「行財政要綱」以後の住宅の多様化を象徴する取り組みとして第3章で紹介したプラスワン住宅である。

プラスワン住宅では、プラスワンの部屋で「趣味・創作・各種サークル活動・自らおこなう各種教室」が展開されることを想定していたが、住宅・都市整備公団（当時）が調査したところ、実際にはほとんど使われていないことが判明したのだ。

住宅・都市整備公団によれば、アトリエやギャラリー、教室、ショールームなど、外部に開かれ

写真18　プラスワン住宅の現況（プロムナード多摩中央）

るような本来の使われ方をしていたのは十九例のうち六例にすぎず、納戸、練習室、応接間、書斎など、外部に対して閉じた個人的な用途に使っているのが、十九例のうち実に十三例を占めていたという。[34]つまり、プラスワン住宅の場合は、計画意図と居住実態が完全にズレたものになっていたのである。これは、設計者によって当初意図されたとおりの住み方がなされず、居住者自身の主体的な選択のなかで、建築家による空間デザインが拒否された例だといえるだろう。さらに敷衍すれば、開発者側によって用意された空間の機能が、まったく別の機能に置き換えられているとも解釈できる。

このことは、何もプラスワン住宅についてだけではなく、程度の差こそあれ、広く確認できる現象である。たとえ入居当初は意図されたとおりの住み方をしていたとしても、時間が経過するにつれてそうした意識は薄れていく。ましてや元の居住者が売却して中古物件として別の人の手に渡ったり、賃貸化されたりしたら、当初の意図なるものは元から存在しないことになる。そして、計画意図とはおかまいなしに、新たな居住者が一から住環境を整え、居住空間の快適化を図る。それが〝住みこなし〟というものだろう。

ここから見えてくるのは、建築家や建築デザイナーによって周到に計画された環境を与えられても、その意図に従順に行動するわけではない、〝したたかな〟居住者の姿である。むしろ開発者サイドの思惑を超えて、与えられた環境を自分たちのものへと主体的に読み替えていく。用意された空間の機能さえ別のものに置き換えてしまう可能性もある。住民を主語とする「暮らしの実験」とは、まさにこのような不断の取り組みや努力のことを指すのである。

このように考えると、その「実験」の過程を当初の計画とすり合わせ、そこに生じたズレやせめぎ合いを測定してすくい上げることが必要になるだろう。それこそが、今後のニュータウンが直面する課題を解決する糸口となるはずである。これまでさまざまな主体によっておこなわれてきた「実験」を、現在、あるいは未来に生かすような仕方で、新たな「実験」の足がかりにしていくことが求められている。

４　「住宅双六」というゲームの終焉

複数化する双六のルート

本章の冒頭で紹介した一九七三年の「住宅双六」では、単線的かつ階梯的な「上り」が想定されていた。それが「庭つき郊外一戸建住宅」であり、いわゆる「庶民の夢」としてある程度のリアリティを伴って広く共有されてきた。しかし、住宅供給の多様性と住み替えの状況、さらには高齢化の実態を踏まえると、このような「住宅双六」がもはや現実にそぐわなくなってきているのはいうまでもない。

　確かに、多摩ニュータウンでの住宅種類間の移動については、持ち家から持ち家へのパターンに次いで、賃貸から持ち家への住み替えが多いことが明らかになっている。[35] また、多摩ニュータウン居住者の年代ごとの住宅形態は、二十代が民間賃貸、三十代が公的賃貸、四十代から六十代は分譲マンションの比率が最も高く、[36] 年齢とともに賃貸から持ち家への階梯を昇っている状況が見て取れる。したがって、多摩ニュータウン住民の定住志向がきわめて高く、ニュータウン内の住み替えが日常的におこなわれていることを考えれば、多摩ニュータウンでの居住は、区画整理事業区域の民間賃貸アパートか、新住事業区域の公的賃貸住宅に入居することから始まり、「住宅双六」のコマが進むように新住事業区域の分譲住宅に移行してきたことになる。

　ところが、土堤内昭雄と白石真澄の調査によれば、健常な高齢期に望む居住形態は持ち家戸建てと持ち家マンションの比率が拮抗し、[37]「庭つき郊外一戸建住宅」が「住宅双六」の「上り」とされていないケースも目立つという。つまり、今後予想されうる高齢化の展望をふまえれば、これまでのような単線的ではない双六のルートが望まれているのである。

　一九七三年の「住宅双六」の考案者、上田篤は、三十四年後の二〇〇七年に「住宅双六」の最新版を発表している。[38] その後の「上り」の多様化に対応して、最新版では、「上り」のパターンが「老人介護ホーム」「親子マンション」「農家町家回帰」「外国定住」「都心（超）高層マンション」「自宅生涯現役」と複数化していることに特徴がある（図17）。つまり、戦後一貫して支持されてきた「住宅双六」が、ここで考案者本人の手で修正を加えられたことになるが、時代の変化を考えれ

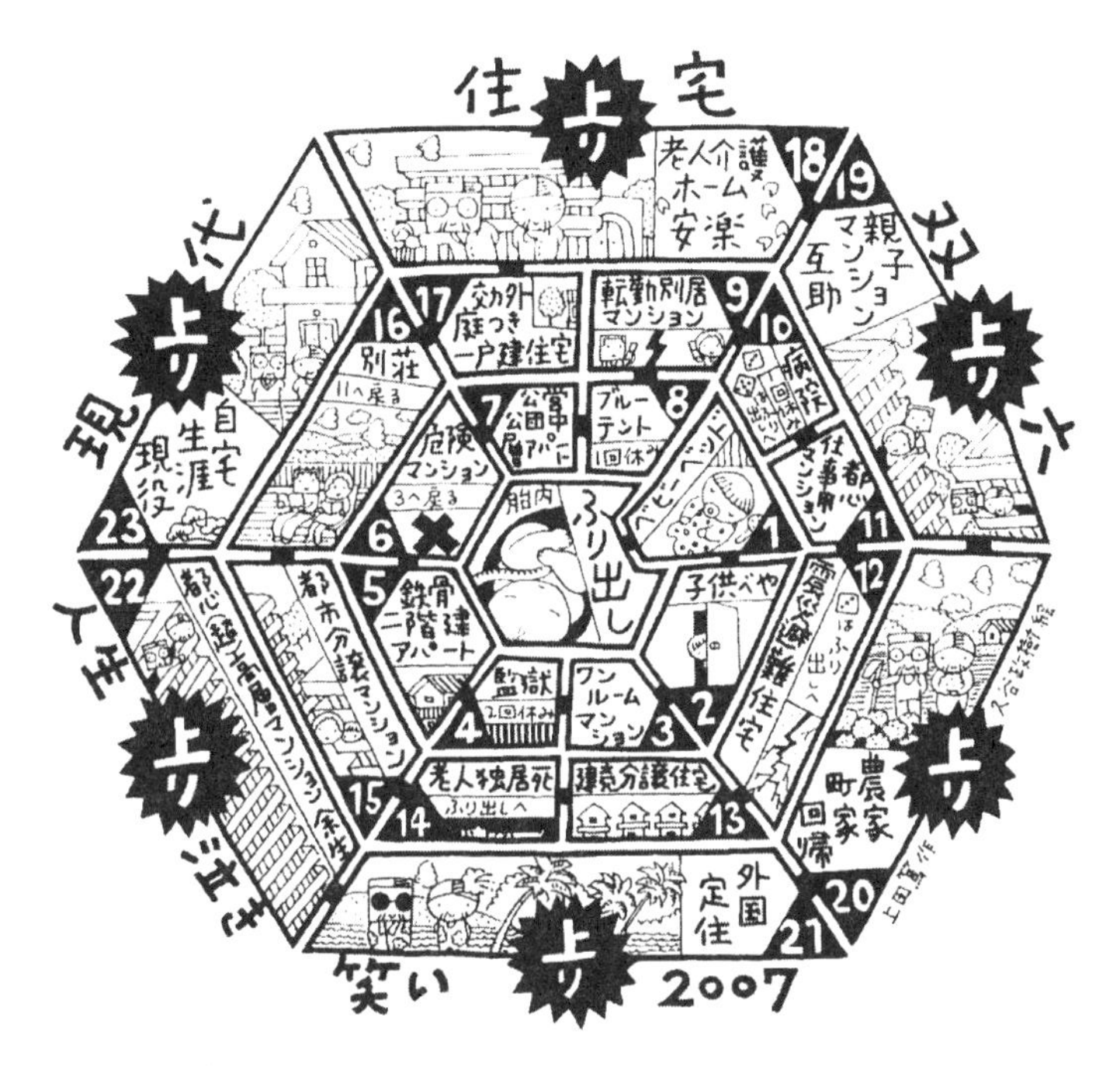

図17　新住宅双六
（出典：「日本経済新聞」2007年2月25日付）

ば当然ともいえる。

他人を蹴落とすゲームの先に

再び多摩ニュータウンに目を転じる。多摩ニュータウンでは、ファミリー世帯が大量入居した後、子の結婚を機に世帯分離して親世代が残ったため、多摩ニュータウンに居住する高齢者世帯の多くは、子育てを終えた夫婦世帯か、夫または妻に先立たれた単身世帯となる。こうした高齢者世帯にとっては、従来の「上り」とされている「庭つき郊外一戸建住宅」では逆に広すぎて持て余すことになる。庭の手入れや掃除などの負担、老朽化する建物のメンテナンス費用などの面で、大きな負担がのしかかることになるのである。したがって、高齢者世帯を視野に入れれば、「庭つき郊外一戸建住宅」こそが唯一の望ましい住宅形式という価値観はもはや成立せず、むしろバリアフリーや介護支援を視野に入れた高齢化社会に適応した住み替えが、今後よりいっそう要請されることになるわけだ。

ところが、多摩ニュータウンで、こうした高齢化に向けた住宅への対応は十分とはいいがたい。事実、多摩ニュータウンには高齢になっても住み続けられる住まいが供給されていないため、五十代から六十代の転出が顕在化していることがわかっている[39]。その理由として「老後の準備」「バリアフリー住宅を求めての移動」が挙げられている。つまり、多摩ニュータウン内には、修正版「住宅双六」にある複数の「上り」が保障されていないのである。

そのため、高齢者になってから、新たな「上り」を探して、もう一度、地理的な移動を余儀なくされることになる。しかも、高齢化の実態や自治体の高齢化対策、あるいは経済状況や交通事情、住宅事情など、地域固有の事情をふまえた対策が必要になってくる。

　そもそも、人生のライフコースや住宅選択に伴う居住地移動の変遷を、「双六」と形容することができるかどうかから問い直さなければならないだろう。旧「住宅双六」では、好むと好まざるとにかかわらず、この世に生を受けた瞬間からゲームのプレイヤーとして〝参戦〟することになっていたが、それはゲームが成立するという社会的な暗黙の了解があったからこそ可能だった。

写真19　永山福祉亭

　ところが、終身雇用を基調とした年功序列の賃金体系が崩れ、賃金上昇を前提に組み立てられていた人生設計も明確な方向性を失ったために、これまで単線的で階梯的とされてきた「上り」にいたるルートが多様化し、一般化することさえ困難になってきた。さらに、少子・高齢化とともに人口減少社会の到来が確実視されている現在、複数の「上り」どころか、もはや「上り」自体あるかどうかさえはっきりしなくなっている。

　双六のルートがはっきりせず、「上り」もあるかどうかわからないとなれば、同一のルールによって競うことさえできなくなり、コマを進めていくという例えそのものが成り立たなくなっていくだろう。

　戦後、郊外の拡大とともに多くのプレイヤーによって競われてきた「住宅双六」というゲームが終焉を迎えたとすれば、それに代わるものはいったい何なのか。少なくとも、他人を蹴落として自分が先にコマを進めていくような新たなゲームではないことだけは確かである。目指すとすれば、他人を蹴落とすゲームとは正反対の、互助的・互恵的な社会システムを地域社会のなかでどのように構築していけるか、ということに尽きるだろう。

多摩ニュータウンでも、NPOによる高齢者向け福祉サービス事業をはじめ、超高齢化社会に向けた重要な取り組みがいくつも始まっている[40]（写真19）。ニュータウンの「高齢化対策の実験場」としての役割は始まったばかりである。

注

（1）「朝日新聞」一九七三年一月三日付

（2）上田篤『流民の都市とすまい』駸々堂出版、一九八五年、三八〇ページ

（3）新都市センター開発株式会社多摩ニュータウン研究会編『多摩ニュータウン居住者の住生活と意識に関する調査報告書』東京都南多摩新都市開発本部、一九七二年

（4）「読売新聞」一九八〇年四月十二日付

（5）前掲『都市化と居住環境の変容』二一〇―二一一ページ

（6）東京大都市圏とは、東京都心部および郊外の人口集中地区人口一万人以上の市町村で、かつ①東京二十三区への通勤・通学者率が一〇％以上となる市町村、あるいは②前記の市町村に連担し、流出率（他市町村に通勤・通学している十五歳以上の従業者・通学者数／常住地での十五歳以上従業者・通

学者数）三〇％以上の市町村、の範囲を設定している（前掲『都市化と居住環境の変容』）。

（7）一九七三年に東京都南多摩新都市開発本部が実施した調査によれば（新都市センター開発株式会社多摩ニュータウン研究会編『多摩ニュータウン居住者の住生活と意識に関する調査報告書』東京都南多摩新都市開発本部企画室、一九七三年）、公的住宅（公団・都営）への申し込み回数の統計を見てみると、公団賃貸の場合、二十回以上も申し込んでいた人たちが実に二七％にのぼっている。

（8）関孝敏「地域移動論序説」「北海道大学文学部紀要」第三十八巻第三号、北海道大学文学部、一九九〇年、三八ページ

（9）田中和子『都市空間分析』古今書院、二〇〇〇年、一九五ページ

（10）たとえば、高度経済成長期の末期に長野県から東京圏に流入した人を対象に、結婚後の大都市圏内の世帯移動を分析した川口太郎「大都市圏における地方出身世帯の住居移動」（「明治大学人文科学研究所紀要」第四十六号、明治大学人文科学研究所、二〇〇〇年）や、高蔵寺ニュータウンの戸建て住宅居住者を事例に、ライフコースに伴う居住経歴と郊外の形成過程の関連を検討した谷謙二「大都市圏郊外の形成と住民のライフコース」（荒井良雄／川口太郎／井上孝編『日本の人口移動――ライフコースと地域性』所収、古今書院、二〇〇二年）、高蔵寺ニュータウン出身者の離家というイベントがライフコースのなかにどう位置づけられているかを分析した稲垣稜『郊外世代と大都市圏』（ナカニシヤ出版、二〇一一年）、大分市の郊外住宅地を事例に居住地選択の理由や世代交代の現状を調査した中澤高志「地方都市における郊外化の過程と世代交代に伴う郊外住宅地の変容――大分市の事例」（「地理科学」第六十五巻第二号、地理科学学会、二〇一〇年）などが挙げられるが、いずれも、ライフサイクルの進展に伴う居住地選択が、大都市圏の外延的拡大と不可分の関係にあるという郊外特有の事情を指し示すものであり、住民のライフコースとの関連で把握されるべきことが指摘されて

いる。
(11)「日本経済新聞」一九八一年五月二十三日付
(12) 同紙
(13) 同紙
(14) 若林芳樹「多摩ニュータウンにおける住民意識からみた居住環境評価」「理論地理学ノート」第十一号、空間の理論研究会、一九九八年、二三ページ
(15) 杉浦芳夫／石崎研二「多摩ニュータウン内における住宅地移動——多摩市の事例」「総合都市研究」第七十号、東京都立大学都市研究所、一九九九年、六ページ
(16)「朝日新聞」一九八〇年二月三日付
(17) 前掲『これぞ人間試験場である』五九ページ
(18) 同書六〇—六一ページ
(19) 竹中英紀「ニュータウンの住宅階層問題」、倉沢進編『大都市の共同生活——マンション・団地の社会学』(都市研究叢書)所収、日本評論社、一九九〇年、一〇六ページ
(20)「朝日新聞」一九八九年十月十四日付
(21)「朝日新聞」一九八九年十月五日付夕刊
(22)「朝日新聞」一九八九年十月十四日付
(23)「朝日新聞」一九八九年十月十九日付夕刊
(24)「朝日新聞」一九九三年五月二十六日付
(25)「朝日新聞」一九九八年二月十三日付
(26)「朝日新聞」一九九八年二月十五日付

(27)「朝日新聞」一九九八年二月二十四日付
(28)「朝日新聞」一九九八年三月十七日付
(29)「朝日新聞」一九九八年六月二十六日付
(30)「朝日新聞」二〇〇四年四月十五日付
(31)「朝日新聞」一九九二年九月二十二日付
(32)福本哲士「住宅・都市公共施設の賦活・再生」、前掲『多摩ニュータウン物語』所収、一八一ページ。この調査では、リフォームについて次のように定義している。①壁紙の張り替えや水回り設備の取り替え、床上げの変更、または間取りの変更などをおこなった場合を指す、②個人がおこなったもの（個人が自らおこなう工事、個人による委託工事を含む）を対象とし、管理主体が一斉におこなった修繕工事などは除く。したがって、賃貸住宅の場合も、元居住者の転居時におこなわれる物件所有者または貸主による内装工事などは含まれない。なお、調査対象の住宅は、分譲、賃貸ともに一九七一年から七七年入居開始の初期開発団地であり、老朽化の度合いなどはほぼ同一である。
(33)同論文一八五ページ
(34)住宅・都市整備公団『住宅団地追跡調査(6)』一九八八年
(35)前掲「多摩ニュータウン内における住宅地移動」一〇ページ
(36)土堤内昭雄／白石真澄「どうするニュータウンの高齢化――多摩ニュータウンのケース」「ニッセイ基礎研 REPORT」一九九八年三月号、ニッセイ基礎研究所、四ページ
(37)同論文四ページ
(38)「日本経済新聞」二〇〇七年二月二十五日付
(39)秋元孝夫『多摩ニュータウンの未来――多摩ニュータウンからのメッセージ』特定非営利活動法人

多摩ニュータウン・まちづくり専門家会議、二〇〇五年、八四ページ
(40) 余錦芳「福祉亭の人々」、前掲『多摩ニュータウン物語』所収

第5章　断絶と継承――歴史をつなぐ語りの実践

本章では、「ニュータウンには歴史がない」という人々の認識に抗し、ニュータウン固有の歴史を語り継ごうとするニュータウン住民によるさまざまな実践に焦点を当てる。

ニュータウン開発によって、一方で開発前／開発後という記憶の断絶をもたらしたが、他方では開発を契機にそれ以前の歴史への関心が高まり、その記憶を継承しようとする取り組みも生まれている。さらに、ニュータウンという生活空間でさまざまな経験を積み重ね、ニュータウンの「新たな歴史」も形作っている。

最終章となる本章では、こうしたニュータウン経験の累積を解きほぐし、人々の「歴史を語る実践」を通して、ニュータウンの今後の展望を描き出してみたい。

1　開発前／開発後の感覚的な断絶

永続的な時間性のなさ

本書の冒頭で示したように、「大木、宗教施設、場末」というニュータウンにない（とされる）三つのものを挙げた鷲田清一は、そのうち大木について、「大木はニュータウンにあるはずがない。そもそもニュータウンは、樹木を伐採し、土や石を削って開発されたものだからだ[1]」と説明する。もちろんこの説明は、厳密にいえば正しくない。いくらニュータウンが大規模開発であったとしても、開発区域の全域が根こそぎ造成され、おしなべて丸裸にされるような開発手法は現実的ではなく、切土・盛土による人工的地形改変を要しない区域については自然地形が生かされることになるため、実際には大木であっても残される余地が多いからだ。

だが、ここではその事実関係が問題ではない。むしろ注目すべきは、大木が「ニュータウンにあるはずがない」という、ニュータウンから歴史をあえて切り離そうとするその視線のありようである。

鷲田は、「わたしたちがリアルに感じる歴史的な時間の幅はせいぜい数十年」にすぎないが、大木はこうした時間感覚の外にあり、「せいぜい親子三代の同時代をはるかに超えてそれとは別に流れる時間、自然の悠久の時間が、ひそやかに息づいている[2]」と評する。つまり、大木に〈永続的な時間性〉を象徴させ、ニュータウンをその対極に位置づける。その言に従えば、〈永続的な時間性のなさ〉がニュータウンという街の属性になるのかもしれない。

視点を多摩ニュータウンに移せば、確かに無機質な建物群が立ち並ぶ多摩ニュータウンの風景を目の当たりにすると、何もないところに忽然と街が出現したかのような錯覚を抱くのも無理はない。日常的な会話のなかでも、そのようなものとしてなにげなく語られることも多い。「多摩ニュータウンには歴史がない」「多摩ニュータウンに根づく伝統がない」などといった言説とともに、歴史性や伝統から引き裂かれるような、ある種の感覚的な断絶が引き起こされていったとも考えられる。

「開発前」への意識

では、その断絶とはいったいどのようなものなのだろうか。ここではニュータウン住民の日常的な次元での歴史意識に注目し、ニュータウンとして開発される前の状況に対してどのような意識を向けているのか、あるいは意識さえしていないのか、その連続性／断絶性をめぐる時間感覚に焦点を当ててみたい。

まず挙げられるのは、先に述べたとおり〝何もないところ〟に忽然とニュータウンが出現するという認識である。〝何もないところ〟とは具体的にどのような状態を示すのか判然としないが、人がまったく居住していない山林原野のような手付かずの自然を一から切り開いたというイメージなのだろう。

もともと人が住んでいないという前提から出発するからこそ、「ニュータウンには歴史がない」という漠然とした推測のもとで把握されることになる。したがって、開発前の歴史や開発そのものへの関心は見られず、〈いま・ここ〉でのニュータウン居住だけが前景化される。街が「無」から生み出されるかのように、まったく新しい街が一からできあがっていくようなイメージで語られるのである。

ただし、開発前がまったくの未開の地だったという理解は、実際のところいささか現実離れしている。というのも、埋め立て地の開発でもないかぎり、粗密の差こそあれ、そこには必ず人との生活の関わりが生じるからである。人の関与がまったくない、いわゆる「手付かずの自然」は、近代以降の日本では、屋久島や白神山地など一部の原生林を除いて存在しない。たとえそこに人が住んでいなかったとしても、薪炭林や田畑としての利用という形で人間によって管理されているために、必ず開発前の生活の痕跡を残している。もちろん集落があって生活が営まれていれば、さらにその痕跡は深く刻まれたものとなる。

そして多くの場合、その痕跡は旧住民によってもたらされる。つまり、旧住民の存在自体が、そこに開発前の生活があったことを暗に示しているのである。旧住民と新住民は、開発に伴って混住化していくことになるが、混住化の進展の過程では、双方の間でコンフリクト（対立・衝突）が生じることも多い。ところが皮肉なことに、このようなコンフリクトの存在があって、はじめて開発前のことが新住民のなかで意識化されるという側面もある。

多摩ニュータウンに居住する新住民である岡巧は、旧住民への反発の具体例として、豪壮な一戸建てを建てて新住民に「差をつける」人、意地だけで農業を続ける人、新住民を商売のお客として割り切ろうとする人などを取り上げ、「「あの連中は地主様、オレたちはペエペエのサラリーマンじゃないか」「土地を売ってしこたま儲けたに違いない」「競争相手がいないと思ってアコギな商売をしている」といったところが、残念ながら新住市民の声なのである[3]」といった旧住民に対する意識をすくい上げている。

一方で、旧住民からの新住民への目も手厳しい。第3章で取り上げたミニコミ誌「丘」の第十号の特集は、「団地族よく聞けよ――わたしたち住民を見つめる目[4]」というテーマで、団地外の人々へのアンケートを通してニュータウン住民がどのように見られているのかを探っている。そこには、旧住民からの次のような声が載せられている。

家の狭さも原因してるんじゃないですか。２ＤＫとか３ＤＫでしょ。畳も団地サイズで小さいし……。そんなところにいれば人間自身「小さく」なっちゃうのかもしれませんねえ。

山道で出会ってもなんのあいさつもない。私らこの辺の者は、人に会えば、知らない人同士でも「こんにちは」とか「お早うございます」とか声をかけ合って育ってきましたから、なんにもいわれないとヘンな気持だし、こっちからも声がかけにくくなるんです。

知っている人同士、親しい人同士ではいいんでしょうけど、知らない人には冷たいって感じですね。こどものことでも、自分のこどもとか、よく知ってる子は、いろいろ注意をはらっているようですが、それ以外のこどもには、「危ないこと」「悪いいたずら」などをしていても、見て見ぬふりをしている。なんだか「窓から黙ってこどもを監視してる」みたい。

新住民が冷たくて排他的であるとする一方で、旧住民が自らを排他的であるとする声も載せている。

団地のみなさんには信じられないでしょうけど、たとえば市議会の選挙のときなんか、その地区から候補者が出てるとね、よその地区からたった候補者がやって来ると「ここから先きはいってくれるな」とか「出て行け」ってやるんだよ。よそ者にはなかなか気を許さないんだ。だから、このごろでは、団地の人に畑を貸す人なんかも出てきたけど、最初のころは絶対に貸さなかったからね。

百姓は長いこと上からしいたげられてきたし、だまされてもきた。ニュータウンの開発だってそうだよ。「またお役人がうまいことといってらあ。土地をとりあげようったってそうはいかねえ」って警戒した。でも結局、役人の方が頭がよくって、口もうまく、土地を提供させられちゃった。そこへ都会の人（団地の人）が来て「土地を貸してくれ」でしょ。「うっかり貸すととられっちゃうかもしんない」「都会人は、役人みたいにズルイから気をつけろ」ってなったわけよ。

でもね、多摩の人間は、ほんとうはみんな素朴で、人が好くて、親切なんだよ。相手が信用できるってわかると態度がガラリと変わりますよ。……なんだねえ、あ、人が好いから土地をとられっちゃったんだんべ。

このように、新旧住民の間の溝はなかなか容易に埋まるものではなかった。一九八〇年に実施された旧住民に対する調査によれば、旧住民が新住民と交際しているかどうかを尋ねたところ、「親しく行き来している」と回答した割合がわずか一〇％にすぎず、このことについて小林茂は「地元の住民が、新来住者に対して口を閉じ、手を差し伸べていない状態」であり「冷たい眼を向けている」[5]と評している。

新旧住民の対立の構図は、先の引用文にもあったように、選挙のときにとりわけ先鋭化する。一九八三年四月の多摩市長・多摩市議選のときに、多摩ニュータウン地域と既存市街地の有力者の間から、「古い考えの土地っ子に新しい町はまかせられない」「よそ者にわがふるさとを奪われてたまるか」という声が高まったことが報道されている。新旧住民の対立自体はどの都市でも見られることだが、多摩ニュータウンの場合にはわずか十数年の間に街が一変してしまったために、「お互いに溶け合ってまちづくりに取り組む間もなかった。だから、ことあれば、このわだかまりが噴き出してくる」[6]というのである。

しかし一方で、こうした新旧住民のコンフリクトは、期せずして開発前と開発後の連続性を意識させていることにも注意を払う必要がある。なぜならば、新住民は旧住民の姿を通して旧来の村落社会の姿を見いだし、逆に旧住民は新住民を通して来るべき都市社会を予見しているからだ。それは、新旧住民の意識の齟齬が時系列のうえに置き直されることによって、両者の意識の交差が発生していることを意味する。つまり、新住民は旧住民の存在があるからこそ開発前のことを意識することができ、旧住民は新住民が入ってきたからこそ開発後のことに思いを馳せるのである。

とはいえ、新旧住民のコンフリクトよりも、より明確で鮮烈に開発前の歴史を意識させることもある。それは、自然保護の文脈で開発への批判が先んじている場合であり、たとえば、多摩ニュータウンを舞台にタヌキが開発阻止を旗印に人間に向けて戦いを挑む映画『平成狸合戦ぽんぽこ』(監督:高畑勲、一九九四年)に典型的に見いだすことができる。

この映画は、実際の多摩ニュータウン開発の推移と重ね合わせながら描かれていることに特徴があり、物語は昭和四十年代の多摩ニュータウン建設時から始まる。この開発のために住まいを追われることになったタヌキたちが、人間の手からふるさとを守るために大奮闘を繰り広げるというストーリーである。作品の前半では、牧歌的な開発前の風景が印象的に描写され、茅葺き屋根の民家がブルドーザーによって押し倒されるシーンが不条理で暴力的な行為として描かれる。

もちろん作中でのタヌキは旧住民の隠喩である。そのタヌキの生活が開発によって脅かされ、人間との対決によって敗北していく。敗北の末に、わずかながら緑を残す配慮が施されたものの、結果的にニュータウンは建設され、開発阻止に敗れたタヌキが人間に化けて人間社会に同化・順応するというシーンで終わる。

この映画では、開発前の景観や出来事が「原風景」ともいうべき心象空間として把握され、それが開発によって破壊され失われていくという構造をもっている。開発という行為が、人間の利己的な営みとして積極的な批判の対象となり、逆に開発前のことは、牧歌的な原風景として憧憬の対象となる。しかも、敗れて居場所がなくなったタヌキたちが人間社会に適応するようになるという結末は、それまでの歴史が破壊され、既存の共同体も駆逐されて、新たな文脈のもとで街が再生していくという開発観を示している。

このように、開発という行為の対極に開発前の「原風景」を位置づけ、結果的に、開発前／開発後の関係性をめぐる意識化に寄与している場合もあるのである。

ニュータウン経験という「地層」

さて、ここまでニュータウンの社会構造を主に新住民と旧住民の対置によって説明してきたが、新／旧という対比が示すように、ニュータウンは時間的な遠近法によって把握されやすいという特徴をもつ。入居から時間的に経過したニュータウンのことを「オールドタウン」と呼称するのも同様の理解のうえに立つものだ。

こうした新／旧という遠近法的な把握は、地層の層序にも見立てることができる。若林幹夫は、郊外で、過去の社会という「古い層」の上に「新しい層」が積み重なったりそれを破壊したりして形成されていくあり方が、「地質学的な意味での地層のあり方と似通っている[7]」と指摘し、一つの地域に併存する複数の地層に注目する。

では、このとき、〝歴史がない〟とされるニュータウン空間では、その土地固有の歴史はどのようにして語られることになるのだろうか。層序区分の下層に固定化され、閉じ込められたままになるのだろうか。

愛知県・高蔵寺ニュータウンの居住経験がある西川祐子は、高蔵寺ニュータウンに銀行強盗が逃げ込んだ事件をきっかけに、固定的で静穏と思われていたこの層序区分が脅かされた経験を次のように記している。

> 新聞記事がでると近隣と職場で事件が話題にのぼり、同僚は、愛知用水が引かれるまで、ニュータウンのある土地は灌木しか育たない荒れ地であった、名古屋市内で犯罪事件があると、犯人が逃げ込み、大規模な山狩りが行われることがあった、という昔話をきかせてくれた。用務員さんは、団地の前の駐車場は村落の墓地を買収したところだから、住棟を建てないで駐車場にしたのだ、と教えてくれた。事件発生のおかげでニュータウンにしきつめられたコンクリート表装に亀裂がはしり、下に埋められていた歴史の古層や古い記憶がふきだすかのようであった。ニュータウンには目に見えない情報網や人間関係が、縦横にとおっているのだ、と思い知らされた。(8)

この記述は、ニュータウンでの日常生活のなかでは意識されることがない歴史が、ふとしたはずみであふれ出す、まさにそのモメントを捉えたものとして興味深い。

ニュータウンの古層に埋め込まれた歴史が、何らかの誘因によって日常の裂け目から立ち現れ、それが日常的な意識に浸透していくという一連の過程は、ニュータウンでの歴史の重なりや層序を考えるときに一定のリアリティをもっている。

しかし、歴史があふれ出すという感覚は、犯罪という特殊な状況においてだけでなく、日常の次元においてもしばしば見いだされる。ここで注目したいのは、この呼び起こされた歴史が、さまざまな主体によって語られ、その語りが受容されていくというプロセスである。しかもその語りは、書籍やイベント、展示など多様なメディアを媒介にしているだけでなく、祭りやまちづくりといった幅広い取り組みをも含んでいる。ここではそれらを総称して「歴史を語る実践」として広く捉えたい。

ニュータウンの歴史をめぐる「語りの場」に参入する主体は、ニュータウンの歴史に対する立場や距離感において実に多様である。いわゆる旧住民と新住民との間で大きな隔たりがあることはもちろん、それぞれのなかでも一枚岩ではない。さまざまな立場による複数の「語りの実践」が併存しているのである。

そこで以下、こうしたニュータウンでの「歴史を語る実践」について、多摩ニュータウンでの具体的な取り組みを幅広く取り上げながら、その動態を描き出してみたい。

2 挫折の語り／武勇伝の語り

経験の複数性

もともと開発前の多摩ニュータウン区域は山林と田畑が広がる純農村だったが、第2章で詳しく見てきたように、新住法の適用により計画区域全域が全面買収の対象になった。しかしその後の反対運動によって、既存の主要集落区域は全面買収から除外され、土地区画整理事業による開発に変更された。それでも山林と田畑は全面買収の対象になったため、多くの農民は農地を手放さなければならなくなり、離農・転業を余儀なくされた。離農した人々の多くは、新住法で定められた「生活再建措置」により、転業して団地内商店街に出店していくことになる。

旧住民は開発に際してこうした大きな変化の渦に一様に飲み込まれていくが、その経験や開発に対する意識はさまざまである。開発に直面した時点での年齢（働き盛りか、引退間際かなど）によって開発への対応や評価はまったく異なることに加え、次に示すように営農規模や経済的階層によっても大きな差異が認められるのである（表8）。

まず、耕作規模が大きい富裕層であれば、当時、山林農地をもてあましぎみだったため、農業への執着は相対的に弱く、ニュータウン開発のための山林売却には抵抗を示さないケースも多い。そのため、基本的には開発に賛同し、地域のなかで土地のとりまとめを推進する立場をとる。のちの

表8　開発時の年齢、営農規模、経済的階層などによる経験（開発への評価）の差異

階層	特徴	将来の見通し	開発への反応	聞き取り
富裕層	耕作規模が大きい有力地主層	山林農地をもてあましぎみ	賛成・とりまとめ	協力的
零細層	耕作規模が小さい小規模農家	農業に先行きを見いだせない	賛成・移転	追跡困難
中間層	営農意欲が強く、優良な農業経営を展開する農家	都市近郊農業としての生き残り。農業の近代化・選択的拡大を図る	反対・抵抗・挫折	沈黙

聞き取り調査に対しても非常に協力的で、開発の経過を揚々と語る傾向がある。

耕作規模が小さい小規模農家からなる零細層は、農業に先行きが見いだせず、早く土地を売って現金を得てからよそに移り住みたいと考える農家も多かったため、やはり開発には賛成の態度をとることが多かった。ただしこの層は、土地売却後にニュータウン区域外に移転することになるため、現在では追跡困難で、聞き取り調査の対象とはなりにくい。つまり、この層の意識を事後的に取り出すことは困難である。

一方、富裕層と零細層に挟まれた中間層は、優良な農業経営の担い手だったため、開発後も営農継続を強く希望する農家が多かった。都市近郊農業としての生き残りに可能性を賭け、当時の農業基本法の路線に沿って農業の近代化、選択的拡大を図っていた矢先に開発に直面することになったのである。そのため、多くは開発に対して反対・抵抗の立場をとった。しかし結果的に挫折を余儀なくされ、その後は沈黙することも多く、零細層と同様に聞き取り調査は困難となる。第2章で取り上げた、長期にわたる地道な反対運動を続けて酪農継続の道を切り開いた19住区の取り組みは、きわめて例

外的な事例である。

開発の語りの定番化

実際にはこれらの層は明確に分けることはできず、相互の重なりや例外も考慮に入れる必要があるが、「歴史を語る実践」という側面で捉えた場合、少なくとも「旧住民の語り」として一括りにすることができないことは確かである。旧住民の開発前の経験は一様ではなく、その意識を探ろうとのちに聞き取り調査をしたとしても、実は一部の特定の層の意識や語りをすくい上げていただけにすぎないことになる。しかもそれが多摩ニュータウン旧住民の意識を代表するものとして流通しやすいという現状にある。

事実、旧住民側の話者として重用されてきたのが、有力地主からなる富裕層だった。たとえば、都市基盤整備公団（当時）主催による「多摩ニュータウンに伝えたいもの」と題したシンポジウム（一九九七年）での地元話者は、いずれも元農家の有力者によって構成されている。開発時には地元の取りまとめ役となり、現在は自治体や外郭団体などの要職についているという点でもその顔ぶれは共通していた。(9)

書籍を通した語りについても同様である。聞き取り調査のように尋ねられたことに対して答えるという受動的な関与だけでなく、書籍というメディアを積極的に使いこなし、自らの語りの自発的な拡散をも意図していた。たとえば、横倉舜三『多摩丘陵のあけぼの』(10)は、日本住宅公団の土地買収に進んで協力し、地元の土地取りまとめの中心的役割を担った人物による回想録だが、ここでは率先して地域の開発に尽力した立場からの開発像が描かれている。こうした語りが旧住民を代表する声として人口に膾炙することになるのである。

ただし、事態はそう単純ではない。地元有力者で地域の取りまとめの任を負っていたとしても、自らも農地を失い、転業を余儀なくされ、それでも地域の取りまとめ役に徹さざるをえなかった者もいたし、その引き裂かれるような苦悩もまた知らなくてはならないだろう。開発に翻弄された経験は開発者への不信感となって顕在化し、その不信感と反発が、公刊するあてのないままノートに書き付けられたものもある。

雑木山は公団の業者が無茶苦茶に倒し、立木のまま火を放ち焼き払う。田畑は踏み荒らし耕作停止の通告。超大型のブルドーザーが轟音たて走りまわり、谷戸田が埋まり姿を消す。祖先や父母に申し訳ない、昔を想うと涙が出た。こんな思いは開発者にはわかるまい[11]。

ここに引用したのはそのうちの一部だが、私家本として残されているもののその記述はわずかに再録されるだけである。こうして書き綴られた叫びは、広く流通する性格をもつものではないが、単なる地元有力者という立場を超えて、開発の暴力性を静かに告発している。

挫折の語り

もちろんこのようにすべて地元有力者による語りで占められるわけではなく、それ以外の立場からのものも見いだすことができる。たとえば、多摩ニュータウンの地元市である多摩市の自治体史では、前述の中間層、すなわち都市近郊農業としての生き残りに可能性を見いだし、農業を続けていきたいと強く要望し、だからこそ開発に抵抗していた層に対して積極的に聞き取り調査をおこない、以下のような「挫折の語り」をすくい上げようとしていた。[12]

ちったあ、農業も認めてやらせるのかと思っていた。（略）全面買収で全部、牧場なんか立ち退きだって言うんだよな、どっか北海道にでも行けなんて言ってたんだよ。

盛んにやってる時ぶんに公団の話が始まってきて、（略）うちは百姓しなきゃあしょうがねえから、代替地を持ってくるのか、と言っても……ただ売ってくれってくるだけのもんで、五、六人でくるんだねえ……最終的には土地収用法をかけるからって言ってたね。おれなんか、この話は今日は忙しいんだからだめよ、なんて、門前払いというか動かなかったけど。

こうした意識的に収集していかないと埋もれてしまうような「挫折の語り」をあえて残すという行為自体、意識的・積極的に収集しようとしなければ語られない現実を逆照射しているともいえる。さらには、追跡自体が困難な零細層の存在にも留意が必要である。

武勇伝の語り

地元有力者が開発の語り手として重用されてきたのと同時に、「開発の語り」の主体として大きな役割を担っているのが、日本住宅公団、東京都といった、多摩ニュータウンの計画・開発に携わってきた開発施行者側の人々であり、自らの仕事を回顧する形で雄弁に語り出している。

特に顕著なのが、一九九七年に設立された多摩ニュータウン学会による一連の活動である。同学会は、研究者だけでなく、市民や企業に広く門戸を開いた市民学会としての性格が強く、多摩ニュータウン研究の裾野を広げる役割を果たしている。同学会員を中心とした多摩ニュータウンに関する著作も次々に刊行されている。[13]

同学会では、多摩ニュータウンの歴史に注目した取り組みも組織的におこない、「オーラル・ヒストリー」と称して開発の証言を収集するプロジェクトを展開している。たとえば、同学会主催のシンポジウム「草創期を振り返りつつ多摩ニュータウンの〝未来〟を探る」（二〇〇七年）や、多摩ニュータウンアーカイブプロジェクト公開研究会（二〇〇七年）の開催、『オーラル・ヒストリー多摩ニュータウン[14]』の刊行など、精力的に活動している。

これらの取り組みでパネリストなどとして招かれて発言する人々の構成を見ると、ほぼ開発施行者によって占められていることがわかる。たとえば、シンポジウム「草創期を振り返りつつ多摩ニュータウンの〝未来〟を探る」の登壇者は、地元の土地取りまとめを担った地元有力者のほかは、元東京都南多摩新都市開発本部の担当者、元多摩市役所職員で多摩ニュータウンの担当者、元日本住宅公団職員で多摩ニュータウンの担当者である。ほかのイベントも、ほぼ同様の顔ぶれであり、開発施行者と地元有力者という取り合わせによる「開発の語り」が全面展開されている様子が見て取れる。

たとえば、東京都南多摩新都市開発本部で多摩ニュータウンの陣頭指揮をとってきた人物の証言では、「私は、東京都の〝一係長〟の分際にもかかわらず、国の首都圏整備委員会の事務局長や部長を目の前に置いて「あなた方が考えてやろうとしている国策は間違っている」ということを〝言わなければならなかった〟わけです[15]」などと回顧しながら、政治の表舞台には出てこないような政治家とのやりとりや組織間、部局間での駆け引きといった裏話を惜しげもなく赤裸々に披露し、いかに自分の〝手柄〟によって計画が進展していったかという経緯が雄弁に語られている。

『オーラル・ヒストリー　多摩ニュータウン』でも、その「証言編」に話者として登場しているのは、「開発に深く関与したキーパーソン」であり、都市計画の研究者、通産省・東京都の元官僚、地元自治体の元首長、開発時の地元側の土地の取りまとめを担った地元有力者だった。

このように、話者は定番化され、誇らしい〝武勇伝〟として「開発の語り」が実践されていくのである。もちろんここには地域社会の側の「挫折の語り」は一切登場しない。さらに、こうした「武勇伝の語り」が、多摩ニュータウン学会というイベントや書籍などメディア発信の優位性をもつ主体によって波及、権威づけされることで、〈〝武勇伝〟として回顧する開発施行者〉と〈開発に進んで協力した地域住民〉という「開発の語り」の定式化をさらに補強している。

3　歴史を仲立ちとした地域社会の再編

一方、このような定式化された開発の語りではなく、開発前／開発後の連続性を念頭に置いた多摩ニュータウンそのものの歴史を意識化し問い直す試みが、新旧住民それぞれの立場で展開されていることにも注目したい。「ニュータウンには歴史がない」という一般的理解に抗うように、開発前の歴史とその連続性を視野に入れたさまざまな取り組みが生まれてきているのである。

ここでまず取り上げるのは、多摩ニュータウン内の神社をめぐる事例である。くしくも鷲田清一がニュータウンにないとした「大木、宗教施設、場末」のうちの一つである。はたして「宗教施設」である神社はニュータウンでどのような役割を果たしうるのだろうか。

具体的には、多摩ニュータウンの中心部にある多摩センター地区に位置する落合白山神社を対象とする。社殿の背後にはベネッセ・コーポレーションの高層ビルがそびえ、この対照的な光景そのものが、都市のなかに埋め込まれた伝統のありようを象徴しているかのような印象を与える（写真20）。初詣にはニュータウン住民が多数集まり、サンリオピューロランドが隣接することから、境内ではキティちゃんお守りが売られているなど、「ニュータウンの神社」といった趣がある。ところが、この神社の履歴をたどると、ニュータウン開発に翻弄され、伝統や地域アイデンティティをめぐって苦闘を続けてきた姿が浮き彫りになる。

神社再建を契機とした歴史への関心

落合白山神社は、近世村である旧落合村（唐木田・中組・山王下・上ノ根・青木葉講中）に対応する多摩市落合地区の鎮守神社である。創建年代は不明だが、近世初期の一六一八年（元和四年）の棟札が残されていることから、この時期に勧請あるいは再建されたと考えられている。[16]

写真20　現在の落合白山神社

昭和四十年代からこの地域に多摩ニュータウン開発の波が押し寄せ、一九八〇年から白山神社がある青木葉地区の区画整理事業が始まると、白山神社もその渦中に置かれた。神社の移転・再建を余儀なくされ、神社が存亡の危機に立たされるのである。

白山神社を信仰する旧来の地域住民（氏子）たちは、神社再建に向けて協議を繰り返していくが、その過程で、白山神社そのものの歴史を学び直そうという気運が生まれた。「地元に伝わる古文書及び神社の伝承等由来を出来得るかぎり正確に残したい[17]」と考えるようになり、自分たちの地域の足跡や系譜に目が向くようになるのである。神社移転の様子を撮影して記録映画を製作することになり、再建費用のなかから百五十八万円あまりの製作費を捻出することになった。東映東京撮影所が製作を請け負い、「白山神社建築記録映画」（一時間二十分）として一九八四年一月に完成した。さらに、建設記録誌の編集・発行もおこなわれ、記録映画と時期を同じくして完成している。

この経緯は、開発の渦中にあって自らの地域の歴史が再確認され、それを形として残そうという取り組みにつながったことを示している。しかもその歴史は、開発を乗り切るために地域社会の紐帯の核として作用したのである。

「村の神社」から「ニュータウンの神社」へ

さらに、氏子たちが神社再建に向けた対応策を議論するなかで、地域の信仰空間としての神社の機能を再認識し、ニュータウンと連動した神社の構想へと結実していく。

氏子たちは二十一人からなる落合白山神社建設委員会を組織し、開発への対応について協議した結果、石段や樹木、本殿は保存し、拝殿は解体して権現造りの社殿として再建することになった。再建の費用には、神社の所有地の売却金など約一億三千万円と氏子の寄付金一千万円が予定された[18]。また、建設委員会のメンバーで総本宮である石川県の白山比咩神社を訪れたことは、氏子同士の結束を強めることにもつながったという。結局、氏子の寄付は、目標額を大きく上回る二千万円が集まった。

社殿の設計を設計会社に依頼するが、その一方で、氏子たちも近隣の神社に足繁く通い、新たな神社への構想を練っていった。建設委員会では総務部、企画部、建設部、書記、会計を置き、それぞれの分担のもとで毎月、設計士や建設会社を交えて定例会を開いて、検討を進めていく。定例会では、ニュータウンと神社の関係や神社の将来のあり方などを協議し、その議論のなかで、直接境内への車の乗り入れが可能な車道を設置したり、隣接する多摩中央公園に続く遊歩道を設置するなど、多くの人に親しんでもらえるような工夫が生まれたという。

一九八三年に社殿が完成すると、工事の竣工を祝う新殿祭と御神体を新社殿に移す遷座式がおこなわれたほか、遷座式の翌日には「昭和遷宮祭」が催された。神社再建は旧住民から構成される氏子たちの手によっておこなわれたが、遷宮祭には新住民の参加を呼び

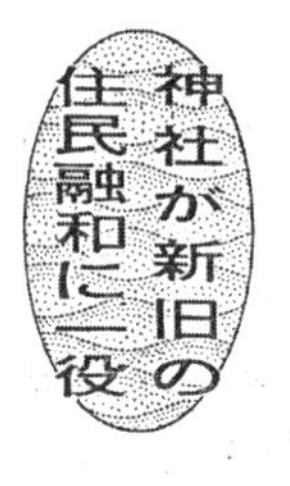

神社が新旧の住民融和に一役

ニュータウン建設で解体、再建の白山神社

全員参加で遷宮祭

多摩

多摩ニュータウン建設のさい、一時的に解体されていた神社が再建されることになり、工事が完了する来月中旬、氏子である旧住民たちが団地住民に参加を呼びかけ、一緒になって「遷宮祭」を行うことになった。とかく新旧住民の間がぎくしゃくしがちなニュータウンだが、神様が仲をとりもつ故郷作りに関係者の期待は大きい。

9月中旬に完成する白山神社

再建される神社は多摩センター駅に近い多摩市落合の白山神社。木彫りの神像は平安時代、建物は江戸初期の元和四年（一六一八）のものといわれ、旧多摩村以前から地域の神様として親しまれていた。ところが五十六年六月、ニュータウン造成に伴う団地、公園建設で境内が削られ、神社は一時的に解体されていた。

団地建設が一段落したため、境内の用地を売却した代金に浄財を加え、今年初めから約一億五千万円で本殿と拝殿の再建に着工、九月中旬に完成する。

そこで、旧住民である氏子二百人が相談、九月十六日から十八日まで「遷宮祭」を行うことを決めた。その際、氏子の間から「神社はもともと地域の守り神。神社解体後に移り住んだ団地住民も加えたら」という意見が出た。生活スタイルの違いなどから、新旧住民の交流がもう一つ進んでおらず、氏子のなかには消極論もあったが、結局「神様のことだから、ともにお祝いしよう」と一致。遷宮祭には団地住民にも参加を呼びかけることになった。

落合地域は現在、ニュータウン建設後の地名変更で諏訪、落合、鶴ケ丘、愛宕などの地域に分かれ、それぞれに団地が建っているものの、もともと同市の四分の一を占める中心部。祭り参加の呼びかけ対象となる新住民は四、五万人もおり、民間主導の新旧交流としては最大の規模となりそうだ。

遷宮祭の内容は、氏子らの「建設委員会」で詰めをしているが、みこしを出し、花火を打ち上げるなど、なつかしい故郷復活を期している。

氏子総代の一人、書店経営、峯岸松三さん（[illegible]）は「神社を新旧住民の心のよりどころにし、これを機会に地域の融和を定着させたい」と張り切っている。

図18 「毎日新聞」1983年8月29日付

かけ、一緒に祝うことが目指された。

当時から多摩ニュータウンでの新住民／旧住民の問題はメディアの注目するところとなっていて、神社再建にあたってはこうした観点からの報道が目立った。たとえば「毎日新聞」（一九八三年八月二十九日付）では、「神社が新旧の住民融和に一役」との見出しで遷宮祭の開催を報じ、「とかく新旧住民の間がぎくしゃくしがちなニュータウンだが、神様が仲をとりもつ故郷作りに関係者の期待は大きい」と位置づけた。また、氏子の間からは「これからの地域の守り神として育ててゆ

くのなら、ニュータウンの団地の人たちとともに今回のお祭りを祝ったら……」という意見が出て、遷宮祭の開催に行き着いたといういきさつも報じられている[19]（図18）。

遷宮祭は二日間おこなわれ、昔の祭りを再現して、先導・提灯・金棒・ササラ・稚児のほか、獅子連（拍子木・法螺貝・万灯・幣負い・剣獅子・女獅子・男獅子・花笠・笛方）や子ども神輿、囃子などが行列となって練り歩くなど、にぎやかな行事が続いたという（写真21）。

写真21　遷宮祭
（出典：パルテノン多摩編『落合白山神社の三匹獅子舞――都市化とともに変わる「伝統」』パルテノン多摩、2003年、41ページ）

隣接する多摩中央公園に続く遊歩道の設置、遷宮祭への新住民の招待といった試みは、流入してくる新住民との新たな回路を切り開く試みであり、新住民をターゲットとした初詣客の誘致という形で現在も続けられている。これは、「村の神社」から「ニュータウンの神社」へと自覚的に変転させることによって、地域社会の結び付きの質的な変化を目指すものだったともいえるだろう。

獅子舞の記憶と地域アイデンティティ

この神社に、東日本で代表的な民俗芸能である一人立ち三頭獅子舞（三匹獅子舞）が伝承されて

写真22　獅子頭（古）
（出典：前掲『落合白山神社の三匹獅子舞』21ページ）

写真23　獅子頭（新）
（出典：同書20ページ）

いた。明治時代までは活発に上演されていたようだが、一九四〇年（昭和十五年）の紀元二千六百年の祝賀に際して奉納されたときが最後となり、それ以来この獅子舞は途絶えたままになっている（写真22・23）。

いつごろから獅子舞がおこなわれていたのか定かではないが、少なくとも明治時代には活発に練習がおこなわれていたという記録がある。一八九一年（明治二十四年）九月の「着帳」（寺沢茂世家文書）には、「獅師稽古場到着人名簿」と題された獅子舞稽古の出席簿があり、この時期には氏子総出で準備にあたっていたことがうかがえる。[20]

しかし、昭和の初めごろになると、毎年、定期的に獅子舞を奉納することがなくなっている。このころの主な獅子舞の奉納は、一九三六年（昭和十一年）の落合白山神社の村社昇格のとき（写真24）と、四〇年の紀元二千六百年の祝賀のときである（写真25）。

写真24　獅子舞をする人々（1936年）
（出典：前掲『落合白山神社の三匹獅子舞』19ページ）

山崎祐子の調査[21]によれば、このときに獅子役を務めた人物は三人とも明治十年代前半生まれであるため、一九三六年の時点ですでに五十代半ばを過ぎていたし、幣負い役だった人物にいたっては六十歳を超えていた。また、獅子役三人のうち二人は宮総代でもあったため、獅子役を務めるのにふさわしい年齢でも立場でもなかったという。つまり、この時点でもはや次世代への継承が困難な状況になっていて、若者では獅子舞が舞えなかったことを示している。

一九四〇年の獅子舞奉納の後に若者に教える試みもあったがうまくいかず、四二年の祭礼では、獅子舞の装束を着けて歩いただけで、ついに獅子舞はおこなわれなくなってしまう。

結局、白山神社の獅子舞は一九四〇年を最後に途絶え、戦後には獅子頭を出すことさえ少なくなっていた。三六年、四〇年の奉納で獅子役を務めていた小林初次郎が、その二十年後の五

写真25　紀元二千六百年祭の獅子踊りの舞台
（出典：同書19ページ）

六年に獅子舞の装束を着けて写真を撮ったことがあるくらいであり（写真26）、その間、地域の人々の記憶からも消えつつあった。

ところが皮肉なことに、途絶えてしまったことによって、本来は消耗品として交換される運命にあるはずの獅子舞の衣装や道具類が、あたかもタイムカプセルに入れられたかのように、そのままの形で残されていた。これは非常にまれなことで、途絶えていたことが幸いして文化財的な価値が付与されたのだ。

こうした道具が残されていたことが幸いし、落合白山神社に隣接する多摩市立複合文化施設（パルテノン多摩）歴史ミュージアムでは、二〇〇三年五月三十一日から七月二十一日にかけて、「落合白山神社の三匹獅子舞――都市化とともに変わる「伝統」」と題する特別展を実施した。これは、当時、同館の学芸員をしていた筆者が企画・実施し、落合白山神社でかつて上演され、現在は途絶えている獅子舞を題材にして、都市化のなかの「伝統」の問題を考えようとしたものである[22]。

この展示によって獅子舞の関係資料が注目されるところとなり、たとえば神奈川県立歴史博物館に貸し出して、特別展「かながわの三匹獅子舞――獅子頭の世界」（二〇〇五年）で展示された。さらにその後、多摩市教育委員会も動きだして、二〇〇七年四月に多摩市有形民俗文化財に指定されている。

このように外部の専門家に承認されたことも手伝って、氏子たちもその重要性を改めて認識し、地域のなかで獅子頭を再評価する動きにつながっていく。

写真26　獅子舞の衣装
（出典：同書27ページ）

展示終了後、落合白山神社では筆者の監修のもとで獅子頭専用の展示ケースを新調し、さらに獅子頭も専門の業者に依頼して修復、拝殿のなかで常時展示されることになった（写真27）。

この一連の経緯は、途絶えていた獅子舞に展示を通して改めて光を当てたことにより、いったんは忘れられていた獅子頭が、地域の伝統を象徴しうるものとしての地位を取り戻すと同時に、開発前から連なる地域アイデンティティを獲得していったプロセスを示している。

ニュータウン開発と地域社会の再編

落合白山神社の移転の事例を見てきてわかることは、開発を契機に歴史への関心が芽生え、既存の地域社会が再確認されていったことである。確かに、多摩ニュータウンの開発による都市化は、既存の地域社会を大きく揺るがした。だが、開発が進行すると旧来の社会関係が弱まり分断されていくという単線的な構図で捉えるならば、それはあまりにも一面的にすぎるだろう。むしろこのような素朴なイメージでは描ききれない、より複雑で重層的な相貌をこの落合白山神社の事例は示している。

写真27　展示される獅子頭
（同書42ページ）

開発などの外来的要因によって地域解体の危機に直面したときに、かえって地域の紐帯が強化されていく事例は、おそらくいたるところで認められるだろう。しかし、多摩ニュータウン開発の場合は、段階的とはいえ、三千ヘクタールもの広大な区域が開発されていくというほかに類を見ないほどの規模の大開発だった。しかも、多摩ニュータウン開発の根拠法である新住法は、第2章で詳述したとおり、開発区域内に農地の分布を認めず、土地の強制買収を可能にする土地収用権が付与されているという点で、通常の開発手法とはきわめて異質なものだった。このような未曾有の大開発のなかでもなお、開発に伴う神社の再建を契機として、伝統的社会関係が再編成されていったのである。

また、開発の渦中にあって、自らの地域の歴史が再確認され、それが地域の紐帯の核となっていったことにも注意を払う必要がある。「神社建設に当っては、歴史を探りいかに地域社会との関連が在ったかを調べました[23]」と表明しているように、氏子たちが地域の歴史を学び直し、さらには記録映画の製作に踏み切ったのも、まさにこうした文脈から理解することができる。

一方、流入してきた人々との新たな関係性の取り結びについても同時に思いを致していたことは見逃すことができない。氏子たちが神社再建に向けた対応策を議論するなかで、地域の信仰空間としての神社の機能を再認識し、議論の末、結局、ニュータウンと連動した神社にしようという構想に結び付いていく。先に引用した新聞では、「氏子のなかには消極論もあった」と報道され、一筋縄ではいかなかった議論の様子もうかがえるが、結局は新住民を積極的に招き入れることで決着する。そして、新住民の憩いの場として機能するであろう多摩中央公園とつながる遊歩道をあえて設置したり、神様を新しい神社に移す遷宮祭に新住民を招待したりするなど、流入してくる新住民と積極的に結び付こうという取り組みを実現させるのである。

落合白山神社の事例は、開発をきっかけにして開発前の歴史を自覚し、既存の地域社会自体の結び付きが強まり、さらには新旧住民の結び付きをも促すという、重層的な変化の過程を示している。

4　呼び起こされる「古層」

歴史の再接続

開発を真正面から捉え、ニュータウンの古層に埋め込まれた固有の歴史を日常生活の次元まで引き出そうとする実践は、落合白山神社の事例だけにとどまらない。ニュータウン固有の歴史＝古層を自覚化し、現在とつなげようとする取り組みは、新／旧住民問わず見いだすことができる。そのいくつかを具体的に見ていきたい。

まず、落合白山神社の事例と並んで旧住民による取り組みとして挙げておきたいのが、旧家に代々伝えられている古文書や道具などを展示し、子どもたちの地域学習の拠点にしようとした「多摩こども郷土資料館」の実践である。同館は、江戸時代から続く農家に嫁いだ濱田康子が一九九八年に開設した私設の資料館で、自宅の玄関脇にある十畳ほどの一室を展示に充てている。

東京都小金井市の写真館の娘だった濱田がこの家に嫁いだのは一九六九年、多摩ニュータウンの開発前のことだった。ところがまもなくニュータウン開発に伴う宅地造成が始まり、茅葺きの婚家は取り壊された。区画整理に伴って移転・新築を余儀なくされ、あたりの風景も一変する。「開発が百％悪いとはいいません。でも、この土地に根ざしていた暮らしや豊かな自然がどんどん切り捨てられていくことに耐えられませんでした[24]」と語る濱田は、せめて生活用具などを保存し、いつか資料館を開設しようと思いを募らせていく。そして九八年、二人の子の独立を機にその夢を実現するのである。

　こうして誕生した資料館には、同家に残されている借金証文や縁組証文など江戸時代の古文書、祖父が学校で使ったという石盤など、百五十点ほどの展示物が並んだ。[25]また、江戸時代には天然理心流の道場があった関係で、新選組の近藤勇から募金のお礼に贈られたという陣笠や、明治時代に周辺一帯が皇室の御猟場に指定されていたことを示す資料も展示されている。

「ニュータウンは降ってわいたように突然できたわけではない。大昔から営々と続いてきた人々の生活の上に築かれたことを忘れてほしくない。とりわけ、コンクリートに囲まれた新しい街に生まれ育った子供たちにそのことを知ってほしい[26]」という濱田の願いは、まさしく「歴史の不在」という意識に対する抵抗であり、実践であった。そして、断絶されているニュータウンの歴史を、自らの実践によって再接続させる試みであったともいえるだろう。

歴史をつなぐ語りの実践

　こうした歴史を語り継ぐ取り組みは、新住民のなかからも生まれている。たとえば、開発前の多摩ニュータウン区域で農業を営んでいた横倉鋭之助が著した『唐木田物語』[27]という民話集をもとに、ニュータウン住民の主婦が絵を描いて完成させた民話絵本『おしゃもじさま』がある。この民話自体は関東に広く分布しているが、多摩ニュータウン区域内の多摩市唐木田地区に伝わる民話として『唐木田物語』に再話されていた。[28]その内容は次のようなものである。

むかしある農家に、おばあさんと孫娘が貧しいながらも一生懸命に暮らしていた。あるとき、娘が重い病気にかかるが、おばあさんの夢に出てきたお告げのとおり石神様にお参りに行くと、娘は快癒した。そのご利益のお礼にしゃもじを供えたことから、その祠が「おしゃもじさま」と呼ばれるようになった。

絵を担当した遠藤タカ子は、多摩ニュータウンに一九七四年から住み始めたが、開発前のことは知らなかったため、物語の舞台となった多摩市唐木田地区に何回も足を運んで、お年寄りから話を聞き、イラストの参考にしたという。この絵本は、「新旧合作」として新聞でも報道されている[29]。

同様に、二〇〇八年に発行された民話絵本『長池伝説』も、ニュータウン区域の長池（八王子市別所地区）（写真28）に伝わる民話を題材に絵本として出版した事例である。帯には「私たちの街「多摩ニュータウン」に語りつがれた物語り」との惹句が付され、ニュータウンとの関係性が明確に示されている[30]。

長池伝説とは、鎌倉時代末期に当地を治めていた武将・小山田太郎高家が、一三三六年に足利尊氏との戦いで討ち死にし、高家に嫁いだばかりの浄瑠璃姫が長池まで逃げたが、薬師如来像を背負って侍女らと身投げしたという伝承である。その長池がニュータウン開発によって長池公園として整備されるが、その公園の管理を八王子市から受託していた指定管理者ＮＰＯフュージョン長池の理事長、富永一夫がこの伝承を知ったことで絵本の出版に動きだす。

富永は、その意図について「歴史を知り、地域に愛着を持ってほしい」と説明し、「ニュータウン開発後に移り住んできた新住民にとって、「ここには歴史がない」と思いがち。何百年も先祖代々住んできた人たちに対して、そんな失礼なことはない。（略）子どもも世代はここが故郷で、浄瑠璃姫の伝承は新住民にとっても大きな財産。後々まで伝えていけたら[31]」ともコメントしている。「ここには歴史がない」と新住民の歴史観を指摘したうえで、歴史を知る、すなわち「先祖代々住んできた人たち」との連続性を認識することが「愛着」へとつながるという展望を示すのである。

写真28　長池

この『長池伝説』刊行がきっかけになり、地元の朗読ユニット・アンシャンテは、二〇〇八年に「長池伝説」の朗読会を開催、さらに〇九年にはほかの民話も含め五話を朗読するイベントも開催する。アンシャンテでは、開発前の歴史を「新旧両方の市民に伝えたい[32]」とのコメントを新聞に寄せ、開発前の歴史を知ってもらうことの意義を説くのである。

「歴史を知る」という行為は、ニュータウン住民との学習活動とも関わっている。「多摩ニュータウンの歴史を学ぶ会」の活動は、「学ぶ」「知る」という行為を通して歴史をつなげようとする試みである。もともと多摩センター地区に新設される予定のテーマパークの建設反対運動をしていた新住民のグループだったが、あるきっかけで多摩ニュータウンの開発前の歴史を知ることになり、自分たちは開発後に入居してきたにもかかわらず、自らの入居以降の開発には異を唱えている、そのような行為の意味について改めて考えさせられたという。

仲間たちで話し合った結果、多摩ニュータウンの歴史を学ぶサークルを立ち上げ、地域の古老に話を聞きに行ったり、街を歩いて新旧地図を比較してみたり、市民向けの講座を開いたりと、さまざまな活動を始めるようになったという。

これらの活動は、これまでの日常生活では意識の外にあった開発の歴史の空白を学習活動によって埋めようとする意味で、歴史を通じて現在の位置を確認する試みだったと考えられるが、さらに、「開発の基点」をどの時点に定め、新住民としての自らの立場や活動をどのように位置づけるのかという深い問いを含むものであったともいえる。

活用される外部の「伝統」

「多摩ニュータウンには歴史がない（と思われている）」という認識から出発した先の取り組みに共通していたのは、いずれも現在のアイデンティティ獲得のために開発前の歴史＝古層が呼び起こされ、動員されていたことだった。しかもその古層は、「場所の連続性」を強く意識させるものでもあった。

その一方で、同じようにニュータウンでの「歴史の不在」を出発点としながらも、まったく別のアプローチによって、その「不在」を埋めようとする実践も現れる。

多摩ニュータウンの中心部・多摩センター地区周辺では、二〇〇〇年から「多摩センター夏まつり」というイベントが開かれている（多摩センター地区に所在する企業などで構成される多摩センター地区連絡協議会主催）。年によって若干の変動はあるものの、秋田竿燈（秋田県）、阿波踊り（徳島県）、弘前ねぷた（青森県）など、日本有数の大規模な祭りを取り入れた出し物が目玉になっている。またこれとは別に、〇一年からは「多摩おわら風の盆」という、富山県八尾町の伝統行事である「おわら風の盆」を導入したイベントが市民団体の主催により開催された。これらはいずれも、多摩センター地区の活性化というねらいのもとでおこなわれたもので、いわゆる「街おこしイベント」の一種である。

そこで選択されたのが、多摩ニュータウンとは無関係の「伝統」を活用することだった。「多摩おわら風の盆」の実施主体の代表を務めていた高田一夫は、そのねらいについて、ニュータウン住民は「歴史のない分何かやってやろうというフロンティア精神が旺盛」であり、そのため「新しい都市である多摩ニュータウンに、新たなる「伝統」の創造と、地域文化の創出を目指し、多摩ニュータウンのアイデンティティの確立に寄与する」[33]と語っている。

高田が「伝統」にこだわっていたのは、地域共同体再生のためには「伝統」の力が不可欠であり、「伝統」を核とした街の活性化を図ろうとしているからだった。ところが、その「伝統」は、多摩ニュータウン固有のものではなく、ほかからの「引用」という形をとった。つまり、多摩ニュータウンにはない（とされる）「伝統」を補完するために、ほかの場所の「パッケージ化された伝統」が代入されることになったのである。

実際、企画段階で、「秋田県羽後町の西馬音内踊り、富山県八尾町のおわら風の盆、岐阜県八幡町の郡上踊り、岡山県高梁町の備中たかはし松山踊り、の四つを候補として種々検討した結果、各種の条件を勘案して、多摩ニュータウンで最も実現しやすい踊りとして、富山県八尾町のおわら風の盆に絞り込んだ[34]」という。

高田が「〔多摩ニュータウンには：引用者注〕歴史のない分」と捉えているとおり、この実践は、多摩ニュータウンが「〝何もないところ〟に忽然と姿を現した新しい街」であり、「多摩ニュータウンに根づく伝統がない」という認識のうえに立つものである。その意味で、一見すると『長池伝説』やその他の取り組みと同じ前提を共有しているようだが、これらと決定的に異なっているのは、「歴史の不在」「伝統の不在」を補うために取り入れようとしたのが地域固有の歴史＝古層ではなかった、という点である。その土地の固有性や独自性とは無関係のものであり、求めていたのはその代替物だったのである。

歴史を仲立ちとしたコミュニケーションへ

確かに多摩ニュータウンで、地域の独自性や固有性とは無関係の「代替物の導入」は頻繁におこなわれている。ガウディ調の彫刻がひしめく京王堀之内駅前や、南欧の山岳都市をイメージしたベルコリーヌ南大沢などはその最たるものといえるだろう。よそから持ってきた「代替物」を引用することで「歴史の不在」を補い、逆に、その引用したキッチュな文化のなかで戯れるという感性も、バブル期を経てもはやありきたりのものとして多摩ニュータウンの風景に溶け込んでいる。「歴史の厚み」がないのなら、「場所性」にこだわらずに、ほかの厚みがありそうな文化や伝統で埋め合わせようというわけである。

ここから見えてくるのは、「歴史の不在」という認識から出発したとしても、正反対のアプローチが同時に成立しうるということである。そしてそのアプローチは、土地の固有性や独自性、すなわち「場所性」への意識化の度合いによって、まったく異なった相貌を見せていた。つまり、開発前の歴史＝古層を、「場所性」に刻印された前史として描くのか、あるいは「場所性」とは無関係の代替可能な歴史として取り込むのか、という違いによって、大きな振幅が生じうるということである。

しかし、内田隆三が「多摩ニュータウンに関していえば、ニュータウンのいちばんの問題は歴史の問題です[35]」と警鐘を鳴らしていたように、歴史的な連続性や場所性を視野に入れ、開発前の歴史＝古層を媒介にして共同体を立ち上げていくことには一定の意義が認められるはずである。勝村誠の示唆に富む言葉を借りれば、「かつてこの地に生きた「死者たちの声」に耳をかたむけ[36]」る、と言い換えてもいい。

多摩ニュータウンは、決して「何もないところ」に忽然と姿を現したわけではない。これまで詳しく述べてきたように、開発前にも地域社会が確実に存在し、固有の歴史や伝統があった。とすれば、このような旧来の地域社会とニュータウンとの間で歴史を共有し、歴史を仲立ちにしたオープンなコミュニケーションの場を構築していくことこそ、これからの多摩ニュータウンには求められているといえるだろう。

5　歴史としての「新層」

ニュータウン第二世代という「新層」

ニュータウンの歴史は「古層」だけにとどまらない。入居開始からすでに半世紀近く経過した現在では、入居以降の出来事もすでに「歴史」へとその姿を変え、「古層」という語法に対応させれば、「新層」とでもいうべき新たな歴史の積み重ねも生まれている。この「新層」の部分には、開発以後のニュータウン固有の歴史が堆積することになるのである。

たとえば同じニュータウン住民であっても、初期入居者に対して、さらに新しく移り住んできた人々が「旧住民」と呼ぶケースも増えているように、旧「新住民」は新しさを失い、もはや新旧住民の境界さえ必ずしも自明ではなくなっている。つまり、開発後の経験の地層が一定の厚みをもって新たに生み出されているのだ。

このような観点から近年注目を集めているのが、ニュータウンで生まれ育った、いわゆる「ニュータウン第二世代」である。そもそも多摩ニュータウンには団塊の世代が大量に入居したため、入居者が一定の年齢層に偏っていて、人口構成も団塊の世代（第一世代）とその子ども世代（第二世代）に偏在している。しかも近年、この第二世代が独立別居の時期を迎え、第二世代の今後の動きによって、多摩ニュータウンの人口構成の変化はもとより、これからの都市機能の維持にも影響を及ぼす可能性が指摘されている。

この多摩ニュータウン第二世代の意識や動向については、実態把握に困難を伴うため明らかになっていない部分も多い。東京都多摩都市整備本部では、ニュータウン第二世代は「都心居住に流れている」[37]との見解を示し、高齢化に拍車をかけていると指摘している。同様に、野村総合研究所の毛利一貴も、「ニュータウンは、「まちびらき」とともに、同じ年齢層の世帯が一斉に入居していることが多く、それ以降の新規転入者が見込みにくい。また、そこで育った子世代（第二世代）は、就職や結婚を機に別の場所に住まいを構えることが多い[38]」と、第二世代の移動志向について述べている。

一方、北浪健太郎はこれらとは別の見解を示す。多摩ニュータウンで第二世代の住み替えや定住意向について調査したところ、第二世代のニュータウンに対する愛着を示す住みよさの評価については相対的に高く、住み替え先選択時にニュータウンへ回帰する要因になりうるというのである[39]。ニュータウン第二世代が親元から独立して別居することになったときの住み替え先は別居の理由によって異なり、特に結婚による独立別居の場合、多摩ニュータウン内に住み替える割合が比較的高い（表9）。神奈川県、千葉県、埼玉県などの他県に行く割合も高い数値を示しているため、いずれの場合も「都心志向」というより「郊外志向」だという。

多摩ニュータウン第二世代の動向を追った新聞記事では、いったんは生まれ育ったニュータウンから出ていったものの、三年ぶりに戻り、実家と同じ地区に築十九年のマンションを買った男性の事例を紹介している。

表9　別居理由と年代別の住み替え先

別居理由	年代	全体	割合	多摩ニュータウン内	東京23区	多摩地域	神奈川・千葉・埼玉	その他
結婚	10代	1	63%			100%		
	20代	37		22%	14%	22%	27%	16%
	30代	158		14%	19%	19%	28%	20%
	40代	46		24%	20%	17%	28%	11%
進学	10代	5	5%		20%		60%	20%
	20代	13			15%			85%
	40代	1						100%
就職	20代	41	19%		34%	5%	20%	41%
	30代	28		4%	25%	7%	36%	29%
	40代	4		25%		25%	25%	25%
一人暮らしを希望	20代	14	10%	7%	43%	29%	21%	
	30代	23		17%	43%	17%	22%	
	40代	1			100%			
その他	20代	3	3%			33%	33%	33%
	30代	7				14%	29%	57%
全体		382		13%	22%	16%	26%	23%

（出典：北浪健太郎／岸井隆幸「多摩ニュータウン第2世代の居住地移動に関する研究」「都市計画論文集」第38巻第3号、日本都市計画学会、2003年）

台所は壁を抜いてオープンキッチンに、百八十センチの長身に合わせ、背の高いドアに取り換えた。

通勤は一時間半ほど。もっと便利な所に住めば、という同僚もいるが、都心で働くからこそここがいいと感じる。緑が多く、整った街並み。「駅に降りると空気が全然違う。思わず深呼吸したくなる。時間がゆっくり流れる気がします」[40]

同記事では、中古住宅を買う「ニュータウン二世」が増えていて、「進学や仕事で一度外に出た人が、親や同級生のいる街に戻っている」という地元の不動産業者のコメントを載せている。

逆に、先の北浪の調査によれば、結婚ではなく一人暮らしを希望して別居した場合の住み替え先は、東京二十三区が圧倒的に多く、「都心志向」となるという。ただし、「都心志向」といっても、多摩ニュータウンまで直接乗り入れている京王・小田急線沿線に住み替えている人が四四％であるため、心理的には多摩ニュータウンの延長線上として認識されている可能性もある。

つまり、ニュータウン第二世代の動向を細かくたどってみると、必ずしも「都心居住」だけに流れているとはかぎらない。むしろ幼少期の「ニュータウン経験」がその後の転居行動に何らかの影響を及ぼしているであろうことが示唆されるのである。

均質空間の再審

最初にニュータウンに移り住んだ第一世代の多くは、いわゆる「住宅双六」のコマを進めるように、木造アパート、公営住宅、分譲マンションなどを経て、庭付き一戸建て住宅という「上り」にいたる中間地点として、ニュータウンを選択し移転してきた。したがって、当然、別の地に「故郷」をもっていることになる。入居後にニュータウンを「第二の故郷」と表明する例も多いが、あえて「第二の」と形容しなければならないこと自体、「第一の」故郷が別にあることを暗に示している。

その子世代となるニュータウン第二世代は、ニュータウンを生誕地としているがゆえに、当然のことながらニュータウンへの意識や距離感は親世代である第一世代とは大きく異なる。たとえば、整然とした街並みや街路樹が続く道路、植栽が行き届いた公園などは、第一世代にとっては、ともすれば居心地の悪さを感じてしまうような景観かもしれない。しかし、ニュータウン特有の計画的で清潔な空間に生まれたときから慣れ親しんでいた第二世代にとっては、それがデフォルトの心象風景であり、場合によっては懐かしさを感じる原風景あるいは故郷ともなりえるだろう。

北田暁大は、「ニュータウンが均質な空間で子どもを窒息させる場であるという言説にはどうも違和感を覚えてしまう」として、「均質性による窒息感を抱かせない程度には、差異化の装置をいろいろ揃えていた」[41]と指摘する。違和感を覚える理由として、この言説が「友人が地元におらず、郊外居住地に寝泊まりするだけの「大人―通勤者」的な観点」からなされたものだからと説明するが、ここでは大人／子どもがニュータウン第一世代／第二世代との対比をなしていると同時に、第一世代／第二世代のニュータウンに対する住み心地への感性の差異と、しかもその相互の理解不可能性を示唆している。

このような第一世代／第二世代の対比をめぐる議論は、郊外論の文脈ではもはや主流になりつつある。三浦展は、郊外第一世代が求めた戦後的な私有主義や画一的価値観から脱却する郊外第二世代たる若者のライフスタイルを肯定的に評価した[42]が、このような郊外第二世代の行動や意識を準拠点として、郊外的な価値観や郊外そのものを問い直す試みは、ニュータウン第二世代に関わる議論とも同型をなしている。ニュータウン第二世代を基準としたニュータウンへの評価や問い直しは、今後ますます活発化していくことになるだろう。

ニュータウンというカテゴリーの消失

自らニュータウンに生まれ育ち、にもかかわらずニュータウンが「わざとらしい偽物」にしか見えないとして嫌悪していた浜崎洋介は、赤羽台団地を訪れた際、老朽化が進む建物に刻まれた時間の痕跡を目にして「懐かしい思い」にかられたという経験を語っている[43]。

画一的な団地群を大木が取り囲み、自然によって侵食された空間に「隙間」の存在を認めた浜崎は、そこに「味」や「臭い」を感じ取る。その理由を「団地の人工性がすでに自然によって凌駕されていたから」と推測するが、こうして半世紀以上の年を経てようやく我々の前に立ち現れてきた

「歴史」を発見し、そこにニュータウンとの「和解」の可能性を見いだすのである。

清潔で均質的な無菌空間とされるニュータウンは、年の経過とともに老朽化し、建物には人々によって使い込まれた痕跡が染み込み、次第に無菌空間を維持できなくなっていく。そして、「新層」に積み重なった無数の経験が、ニュータウンそのものを「歴史」の範疇へと追い込んでいく。

浜崎が古びた団地に認めた「大木」と「隙間」は、くしくも冒頭に示した鷲田清一が挙げた「ニュータウンにないもの」とも符合する。「新層」に刻み込まれた経験がその厚みを増し、それ自体が固有の「歴史」としての顔をのぞかせたとき、ニュータウンはもはやニュータウンではなくなるのだろう。

ニュータウンは時の経過とともに「オールドタウン」になるのではない。ニュータウンは「タウン」になる。ただそれだけのことだ。そしてそれは、「ニュータウン」というカテゴリーの消失をも意味することになるのである。

注

(1) 前掲『京都の平熱』二四七ページ

(2) 同書二四七ページ

(3) 前掲『これぞ人間試験場である』二一ページ

(4)「丘」第十号、多摩ニュータウン新しい文化を創る会、一九七七年、二八―四三ページ

（5）前掲『都市化と居住環境の変容』一二二ページ
（6）「朝日新聞」一九八三年三月二十四日付
（7）若林幹夫『郊外の社会学――現代を生きる形』（ちくま新書）、筑摩書房、二〇〇七年
（8）西川祐子「ニュータウンからの問い」「現代思想」二〇〇三年一月号、青土社、一〇九ページ
（9）前掲『多摩ニュータウンに伝えたいもの』
（10）前掲『多摩丘陵のあけぼの 前編』、横倉舜三『多摩丘陵のあけぼの 後編』多摩ニュータウンタイムス社、一九九一年
（11）前掲「多摩ニュータウン開発の情景」六五ページ
（12）前掲『多摩市史 通史編2 近現代』八三七―八三八ページ
（13）たとえば、前掲『多摩ニュータウンの未来』、秋元孝夫『ニュータウン再生――引き潮時代のタウンマネジメント』（特定非営利活動法人多摩ニュータウン・まちづくり専門家会議、二〇〇七年）、前掲『多摩ニュータウン物語』など。
（14）細野助博／中庭光彦編著『オーラル・ヒストリー　多摩ニュータウン』（中央大学政策文化総合研究所研究叢書）、中央大学出版部、二〇一〇年
（15）多摩ニュータウン学会アーカイブ研究部会編著『多摩ニュータウンアーカイブプロジェクト 第一編 草創期～中興期の夢と苦悩を知る』多摩ニュータウン学会、二〇一〇年、五五ページ
（16）パルテノン多摩編『落合白山神社の三匹獅子舞――都市化とともに変わる「伝統」』パルテノン多摩、二〇〇三年
（17）落合白山神社建設委員会『落合白山神社建設記録』私家版、一九八四年、二ページ
（18）落合白山神社の再建に関する経緯については、前掲『落合白山神社の三匹獅子舞』および前掲『落

合白山神社建設記録』の記述によっている。
(19)「毎日新聞」一九八三年八月二十九日付
(20)前掲『落合白山神社の三匹獅子舞』三二ページ
(21)落合白山神社の獅子舞や、獅子舞に関する道具類についての記述は、山崎祐子による調査に基づいている。その成果は、多摩市史編集委員会編『多摩市史 民俗編』(多摩市、一九九七年)にまとめられているほか、山崎祐子「落合白山神社の獅子舞」(多摩市史編集委員会編『ふるさと多摩——多摩市史年報』第九号、多摩市、一九九九年)および同「落合白山神社の獅子舞」(前掲『落合白山神社の三匹獅子舞』所収)で詳述されている。
(22)本展の開催に際して発行した展示図録『落合白山神社の三匹獅子舞』を参照のこと。
(23)前掲『落合白山神社建設記録』二ページ
(24)「朝日新聞」二〇〇〇年四月四日付
(25)「毎日新聞」二〇〇八年十二月一日付夕刊
(26)「朝日新聞」二〇〇〇年四月四日付
(27)横倉鋭之助『唐木田物語』横倉鋭之助、一九七七年
(28)横倉鋭之助/遠藤タカ子『おしゃもじさま——唐木田物語より』多摩市教育委員会、一九八二年
(29)「読売新聞」一九八二年一月二十七日付
(30)菊地澄子/たがわまり『長池伝説』エヌピーオー・フュージョン長池、二〇〇八年
(31)「朝日新聞」二〇〇八年二月六日付
(32)「朝日新聞」二〇〇九年九月四日付
(33)高田一夫「リボンフェスタ多摩2001奮戦記——多摩おわら風の盆奔る」「多摩ニュータウン研

究」第四号、多摩ニュータウン学会、二〇〇二年、八〇ページ
(34) 同記事八一ページ
(35) 内田隆三「郊外ニュータウンの〈欲望〉」、若林幹夫／三浦展／山田昌弘／小田光雄／内田隆三『「郊外」と現代社会』（青弓社ライブラリー）所収、青弓社、二〇〇〇年、二〇〇ページ
(36) 前掲「多摩ニュータウン研究の〈これまで〉と〈これから〉」一一ページ
(37)「日本経済新聞」二〇〇二年一月八日付
(38) 毛利一貴「ニュータウンは「新たな郊外まちづくり」を牽引し得るか」「ＮＲＩパブリックマネジメントレビュー」第百二十八号、野村総合研究所、二〇一四年、一ページ
(39) 北浪健太郎／岸井隆幸「多摩ニュータウン第２世代の居住地移動に関する研究」「都市計画論文集」第三十八巻第三号、日本都市計画学会、二〇〇三年
(40)「朝日新聞」二〇〇四年十月三日付
(41) 東浩紀／北田暁大『東京から考える――格差・郊外・ナショナリズム』（ＮＨＫブックス）、日本放送出版協会、二〇〇七年、九二ページ
(42) 三浦展『「家族」と「幸福」の戦後史――郊外の夢と現実』（講談社現代新書）、講談社、一九九九年
(43) 浜崎洋介「郊外論／故郷論――「虚構の時代」の後に」、三浦展／藤村龍至編『郊外 その危機と再生』（ＮＨＫブックス別巻「現在知」第一巻）所収、ＮＨＫ出版、二〇一三年、九九ページ

参考文献一覧

赤坂憲雄『排除の現象学』洋泉社、一九八七年
秋元孝夫『多摩ニュータウンの未来――多摩ニュータウンからのメッセージ』特定非営利活動法人多摩ニュータウン・まちづくり専門家会議、二〇〇五年
秋元孝夫『ニュータウン再生――引き潮時代のタウンマネジメント』特定非営利活動法人多摩ニュータウン・まちづくり専門家会議、二〇〇七年
東浩紀／北田暁大『東京から考える――格差・郊外・ナショナリズム』（NHKブックス）、日本放送出版協会、二〇〇七年
石川舜「実験管理都市住民の眼（三）」「丘」第三号、多摩ニュータウン新しい文化を創る会、一九七三年
稲垣稜『郊外世代と大都市圏』ナカニシヤ出版、二〇一一年
今村都南雄「多摩ニュータウン開発事業の特徴」、中央大学社会科学研究所編『地域社会の構造と変容――多摩地域の総合研究』（中央大学社会科学研究所研究叢書）所収、中央大学出版部、一九九五年
上田篤『流民の都市とすまい』駸々堂出版、一九八五年
上野淳／松本真澄『多摩ニュータウン物語――オールドタウンと呼ばせない』鹿島出版会、二〇一二年
内田隆三「ペリフェリーの社会学――ニュータウンの光景と深度」、小林康夫／船曳建夫編『新・知の技法』所収、東京大学出版会、一九九八年
内田隆三「郊外ニュータウンの〈欲望〉」、若林幹夫／三浦展／山田昌弘／小田光雄／内田隆三『「郊外」と現代社会』（青弓社ライブラリー）所収、青弓社、二〇〇〇年
内田隆三『国土論』筑摩書房、二〇〇二年
エベネザー・ハワード『明日の田園都市』長素連訳（SD選書）、鹿島研究所出版会、一九六八年
大石武朗撮影・文、多摩市文化振興財団編『多摩ニュータウン今昔』多摩市文化振興財団、二〇〇五年

大石堪山「請願運動からみた都市問題としての農業・農村問題――多摩ニュータウン開発におけるいわゆる「第19住区問題」の意味するもの」「総合都市研究」第十二号、東京都立大学都市研究所、一九八一年
大石堪山「大都市居住環境保全と都市市民運動――多摩ニュータウン開発における酪農問題に発する都市と農村の諸関係」「総合都市研究」第十三号、東京都立大学都市研究所、一九八一年
大石堪山「多摩ニュータウン開発と農業との事前調整」「総合都市研究」第十五号、東京都立大学都市研究所、一九八二年
岡巧『これぞ人間試験場である――多摩新市私論』たいまつ社、一九七四年
岡田航「堀之内の里山ボランティア活動史」、多摩ニュータウン学会編集委員会編「多摩ニュータウン研究」第十四号、多摩ニュータウン学会、二〇一二年
小川知弘／塩崎賢明「戦後の大規模郊外住宅地開発と新住宅市街地開発事業の特質に関する研究」「日本建築学会計画系論文集」第六百二十三号、日本建築学会、二〇〇八年
落合白山神社建設委員会『落合白山神社建設記録』私家版、一九八四年
勝村誠「多摩ニュータウン開発計画の決定過程について――政策史学の構築と歴史情報の公共利用にむけて」、多摩ニュータウン研究編集委員会編「多摩ニュータウン研究」第一号、多摩ニュータウン学会、一九九八年
勝村誠「多摩ニュータウン研究の〈これまで〉と〈これから〉――開発への視座と課題について」、パルテノン多摩編『多摩ニュータウン開発の軌跡――「巨大な実験都市」の誕生と変容』所収、パルテノン多摩、一九九八年
金子淳「ニュータウンにおける経験の地層と語りの実践」、野上元／小林多寿子編著『歴史と向きあう社会学――資料・表象・経験』所収、ミネルヴァ書房、二〇一五年
金子淳「住宅地の拡大と大規模ニュータウンの開発」、八王子市市史編集委員会編『新八王子市史 通史編6 近現代下』所収、八王子市、二〇一七年
金子淳「ニュータウンの成立と地域社会――多摩ニュータウンにおける「開発の受容」をめぐって」、大門正克／大槻奈巳／岡田知弘／佐藤隆／進藤兵／高岡裕之／柳沢遊編『過熱と揺らぎ』(「高度成長の時代」第二巻) 所収、大月書店、二〇一〇年

金子淳「多摩ニュータウンという暮らしの実験」、新谷尚紀／関沢まゆみ編『国立歴史民俗博物館研究報告』第百七十一集所収、国立歴史民俗博物館、二〇一一年
金子淳「郊外における人口移動と居住地選択プロセス――人口移動研究の学際的アプローチを中心に」、松田睦彦編『国立歴史民俗博物館研究報告』第百九十九集所収、国立歴史民俗博物館、二〇一五年
金子淳「多摩ニュータウンにおける「伝統」と記憶の断層」『日本都市社会学会年報』第二十七号、日本都市社会学会、二〇〇九年
金子淳「多摩ニュータウンにおける「伝統」と地域の紐帯――失われた獅子舞と神社再建をめぐって」「民具マンスリー」第三十七巻第三号、神奈川大学日本常民文化研究所、二〇〇四年
金子淳「多摩ニュータウンにおける語りとその断層」「口承文芸研究」第三十五号、日本口承文芸学会、二〇一二年
川口太郎「大都市圏における地方出身世帯の住居移動」「明治大学人文科学研究所紀要」第四十六号、明治大学人文科学研究所、二〇〇〇年
菊地澄子／たがわまり『長池伝説』エヌピーオー・フュージョン長池、二〇〇八年
北浪健太郎／岸井隆幸「多摩ニュータウン第2世代の居住地移動に関する研究」「都市計画論文集」第三十八巻第三号、日本都市計画学会、二〇〇三年
木村隆之「大規模宅地開発と農民の土地収奪――大規模宅地開発と農民2」「経済論叢」第百十五巻第六号、京都大学経済学会、一九七五年
清原一紀「近隣センター商店街の栄枯盛衰」、前掲『多摩ニュータウン物語』所収
クラレンス・A・ペリー『近隣住区論――新しいコミュニティ計画のために』倉田和四生訳、鹿島出版会、一九七五年
小林茂／浦野正樹／寺門征男／店田広文『都市化と居住環境の変容』早稲田大学出版部、一九八七年
小林庸平／行武憲史「東京圏における1990年代以降の住み替え行動――「住宅需要実態調査」を用いたMixed Logit分析」「季刊住宅土地経済」第六十八号、日本住宅総合センター、二〇〇八年
桜井秀美／慶田拓二『最新農地転用許可基準の解説』学陽書房、一九六六年

住宅・都市整備公団『住宅団地追跡調査(6)』一九八八年
住宅・都市整備公団南多摩開発局『多摩ニュータウン事業概要』住宅・都市整備公団南多摩開発局事業部事業計画第一課、一九九七年
杉浦芳夫／石崎研二「多摩ニュータウン内における住宅地移動――多摩市の事例」「総合都市研究」第七十号、東京都立大学都市研究所、一九九九年
鈴木昇「多摩ニュータウンはいらない――大規模開発と闘う酪農民」、薄井清編『講座日本農民1 現代の農民一揆』所収、たいまつ社、一九七九年
関孝敏「地域移動論序説」「北海道大学文学部紀要」第三十八巻第三号、北海道大学文学部、一九九〇年
大規模ニュータウン連絡会議編『大規模ニュータウンの課題と展望』大規模ニュータウン連絡会議、一九九三年
高田一夫「リボンフェスタ多摩2001奮戦記――多摩おわら風の盆奔る」「多摩ニュータウン研究」第四号、多摩ニュータウン学会、二〇〇二年
竹中英紀「ニュータウンの住宅階層問題」、倉沢進編『大都市の共同生活――マンション・団地の社会学』（都市研究叢書）所収、日本評論社、一九九〇年
田中和子『都市空間分析』古今書院、二〇〇〇年
田中まゆみ「多摩ニュータウンの地域活動」、前掲『多摩ニュータウン物語』所収
谷謙二「大都市圏郊外の形成と住民のライフコース」、荒井良雄／川口太郎／井上孝編『日本の人口移動――ライフコースと地域性』所収、古今書院、二〇〇二年
たまヴァンサンかん事務局『多摩ニュータウンに伝えたいもの』（たまヴァンサンかん街づくり講座）、たまヴァンサンかん、一九九七年
多摩市史編集委員会編『多摩市史 資料編4 近現代』多摩市、一九九八年
多摩市史編集委員会編『多摩市史 通史編2 近現代』多摩市、一九九九年
多摩市史編集委員会編『多摩市史 民俗編』多摩市、一九九七年
多摩ニュータウン新しい文化を創る会「丘」各号、多摩ニュータウン新しい文化を創る会

東京都首都整備局『多摩ニュータウン計画関係資料集』東京都首都整備局、一九六六年
東京都首都整備局都市計画第一部南多摩新都市計画課編『多摩ニュータウン構想――その分析と問題点』東京都首都整備局都市計画第一部南多摩新都市計画課、一九六八年
東京都多摩都市整備本部南多摩区画整理事務所編『由木 潤いと安らぎの活きづく街――ゆぎ：由木土地区画整理事業誌』東京都、一九九七年
新都市センター開発株式会社多摩ニュータウン研究会編『多摩ニュータウン居住者の住生活と意識に関する調査報告書』東京都南多摩新都市開発本部、一九七二年
新都市センター開発株式会社多摩ニュータウン研究会編『多摩ニュータウン居住者の住生活と意識に関する調査報告書』東京都南多摩新都市開発本部企画室、一九七三年
東京都南多摩新都市開発本部『多摩ニュータウン開発の歩み』第一編、東京都南多摩新都市開発本部、一九八七年
東京都南多摩新都市開発本部／社団法人東京都畜産会『多摩ニュータウン19住区に関する酪農経営調査報告書 昭和59年度』東京都南多摩新都市開発本部、一九八五年
都市計画協会南多摩都市計画策定委員会編『南多摩都市計画策定委員会報告書』都市計画協会、一九六四年
都市計画協会『多摩ニュータウン15年史』日本住宅公団南多摩開発局、一九八一年
土堤内昭雄／白石真澄「どうするニュータウンの高齢化――多摩ニュータウンのケース」「ニッセイ基礎研REPORT」一九九八年三月号、ニッセイ基礎研究所
内務省地方局有志『田園都市と日本人』（講談社学術文庫）、講談社、一九八〇年
中澤高志「地方都市における郊外化の過程と世代交代に伴う郊外住宅地の変容――大分市の事例」「地理科学」第六十五巻第二号、地理科学学会、二〇一〇年
成田龍一「市民生活」、横浜市総務局市史編集室編『横浜市史Ⅱ 通史編』第三巻下所収、横浜市、二〇〇三年
西川祐子「ニュータウンからの問い」「現代思想」二〇〇三年一月号、青土社
日本住宅公団20年史刊行委員会『日本住宅公団20年史』日本住宅公団、一九七五年
日本住宅公団南多摩開発局『多摩ニュータウン生活再建対策調査研究』日本住宅公団南多摩開発局、一九七一年

日本住宅公団南多摩開発局総務部総務課編『南多摩開発局10年史』日本住宅公団南多摩開発局総務部総務課、一九七六年
八王子市議会『八王子市議会史 資料編1』八王子市議会、一九八八年
八王子市議会『八王子市議会史 記述編3』八王子市議会、一九九〇年
八王子市市史編集委員会編集『新八王子市史 資料編6 近現代2』八王子市、二〇一四年
浜崎洋介「郊外論／故郷論――「虚構の時代」の後に」、三浦展／藤村龍至編『郊外 その危機と再生』（NHKブックス別巻「現在知」第一巻）所収、NHK出版、二〇一三年
林浩一郎「多摩ニュータウン開発の情景――実験都市の迷走とある生活再建者の苦闘」、地域社会学会編『縮小社会と地域社会の現在――地域社会学が何を、どう問うのか』（「地域社会学会年報」第二十集）所収、ハーベスト社、二〇〇八年
林浩一郎「多摩ニュータウン「農住都市」の構想と現実――戦後資本主義の転換とある酪農・養蚕家の岐路」『日本都市社会学会年報』第二十八号、日本都市社会学会、二〇一〇年
林浩一郎「多摩ニュータウンの中心と周縁――新文化都市開発の都市政治」『関東都市学会年報』第十五号、関東都市学会事務局、二〇一三年
パルテノン多摩編『多摩ニュータウン開発の軌跡――「巨大な実験都市」の誕生と変容』パルテノン多摩、一九九八年
パルテノン多摩編『落合白山神社の三匹獅子舞――都市化とともに変わる「伝統」』パルテノン多摩、二〇〇三年
福原正弘『ニュータウンは今――40年目の夢と現実』東京新聞出版局、一九九八年
福本哲士「住宅・都市公共施設の賦活・再生」、前掲『多摩ニュータウン物語』所収
北條晃敬「多摩ニュータウン　計画・構想の段階から――多摩ニュータウン開発事始め時代の回想記」、多摩ニュータウン研究編集委員会編「多摩ニュータウン研究」第四号、多摩ニュータウン学会、二〇〇二年
北條晃敬『多摩ニュータウン構想の全貌――私にとっての「多摩ニュータウン」』多摩ニュータウン歴史研究会、二〇一二年

細野助博／中庭光彦編著『オーラル・ヒストリー　多摩ニュータウン』（中央大学政策文化総合研究所研究叢書）、中央大学出版部、二〇一〇年
三浦展『「家族」と「幸福」の戦後史――郊外の夢と現実』（講談社現代新書）、講談社、一九九九年
三浦展『ファスト風土化する日本――郊外化とその病理』（新書y）、洋泉社、二〇〇四年
宮崎忠二「多摩ニュータウンと共に埋れゆく板木谷戸」、ふるさと板木編集委員会編『写真集　ふるさと板木』所収、ふるさと板木編集委員会、一九七一年
毛利一貴「ニュータウンは「新たな郊外まちづくり」を牽引しうるか」「NRIパブリックマネジメントレビュー」第百二十八号、野村総合研究所、二〇一四年
山崎祐子「落合白山神社の獅子舞」、多摩市史編集委員会編『ふるさと多摩――多摩市史年報』第九号、多摩市、一九九九年
山本茂／鳴海邦碩／澤木昌典「千里ニュータウンの管理組織の役割に関する研究」「都市計画論文集」第四十号、日本都市計画学会、二〇〇五年
ユギ・ファーマーズ・クラブ編『「農」はいつでもワンダーランド――都市の素敵な田舎ぐらし』学陽書房、一九九四年
横倉鋭之助／遠藤タカ子『おしゃもじさま――唐木田物語より』多摩市教育委員会、一九八二年
横倉舜三『多摩丘陵のあけぼの　前編』多摩ニュータウンタイムス社、一九八八年
横倉舜三『多摩丘陵のあけぼの　後編』多摩ニュータウンタイムス社、一九九一年
鷲田清一『京都の平熱――哲学者の都市案内』講談社、二〇〇七年
若林幹夫『郊外の社会学――現代を生きる形』（ちくま新書）、筑摩書房、二〇〇七年
若林芳樹「多摩ニュータウンにおける住民意識からみた居住環境評価」「理論地理学ノート」第十一号、空間の理論研究会、一九九八年

あとがき

「ニュータウンは人工都市である」とよく言われる。しかし、この言葉にずっと違和感を抱き続けている。本書を書き終えたいまも、その違和感は変わらない。そもそも都市は人間が作ったという意味で人工的ではないのか。逆に、人工的ではない都市はあるのか。なぜニュータウンはことさら「人工都市」という概念とセットで扱われるのだろう。「計画都市」ならまだわかるが、なぜわざわざ「人工都市」という言葉を使うのか。自然発生的な都市こそが本来のあり方で、ニュータウンはそこから逸脱する存在だということだろうか。しかし、「自然発生的な都市」の「自然」とはいったい何を意味しているのか。——と、このような疑問の連鎖が次々に生まれてくる。

とはいえ、最初からこのような「人工都市」という物言いに違和感を覚えていたわけではない。ニュータウンでいろいろな経験を積み重ねながら、徐々に私の「ニュータウン観」が変わっていったことを素直に認めなければならない。

私自身は、ニュータウンで生まれ育ったわけではない。東京都の西のはずれの羽村という片田舎で子ども時代を過ごした。玉川上水の取水堰にほど近い旧村地区で、周りは畑が多く、養豚場がいくつも残っているような場所だった。昭和四十年代から本格化した区画整理事業とともに市街地化が進み、一九七二年には公団羽村団地が建設されるが、私が住んでいたところはこれらの新興住宅地からは遠く離れていたため、開発が進んで「郊外」になっていくという実感もあまりなかった。ニュータウンや郊外、さらには団地とも無縁な生活をしていたわけである。

私がニュータウンと関わるようになるのは、一九九六年に多摩ニュータウンの中心部にある多摩市立複合文化施設・パルテノン多摩に博物館部門の学芸員として就職したことがきっかけである。最寄りの多摩センター駅に初めて降り立ったとき、人工的なビル群と巨大な歩道（ペデストリアンデッキ）を目にして、何とも言えない浮遊感を覚えた。そして直感的に、この街は自分とは合わない、と思ったことをよく覚えている。要するに、あまり好きな風景ではなかった。まさしく「人工都市」的な風景に圧倒されたからかもしれない。

しかし、ニュータウンの歴史に触れ、ニュータウンに住むたくさんの魅力的な人たちと出会い、ニュータウンのことを具体的に知れば知るほど、当初の直感が次々に覆されていった。そして自分の無知を恥じた。いまから考えると、そこに人が住んで生活を営んでいること、さらに、自分が住む街に愛着と誇りをもち、よりよい街にしようと一生懸命に努力している人たちの具体的な姿を知ったことが大きかったのだと思う。その後、結婚を機に多摩ニュータウン内に転居し、家族ともどもニュータウン住民になってしまった。ミイラ取りがミイラになってしまったわけだ。

それはともかく、ニュータウンのなかに入り込んでたくさんの経験を積んでいくなかで、「オールドタウン」だとか、高齢化で限界集落間近だとか、犯罪の巣窟だといって一方的に切って捨てる、その視線のありように激しく反発を覚えるようになった。人の生活や営みを、その具体的な中身に踏み込まないまま十把ひとからげにして批判することはできない。いや、するべきではない。

むしろ人の生活や営みに寄り添いながら、自分のできる範囲で一緒に考えたり行動したいと考えるようになっていった。

こうして私自身のニュータウン観が百八十度変わり、多摩ニュータウンのために学芸員として何かできないか考えたときに思いついたのが、ニュータウンの歴史を知ってもらう展覧会を開くことだった。一九九八年に「多摩ニュータウン開発の軌跡」という企画展をおこない、その成果をもとに、二〇〇〇年に常設展示室をリニューアルして多摩ニュータウンの歴史を中心に据える展示構成とした。本書は、その時期から少しずつ進めていた調査が下敷きになっている。

その後、二〇〇七年に転職をして多摩から離れてしまったが、その間も多摩ニュータウンとは関わりをもち続け、論文も少しずつではあるが発表していた。本書はそれらをベースとしてまとめたものである。もちろん多くは原形をとどめないほど加筆・修正をしているため、ほとんど書き下ろしに近いものもある。初出は以下のとおりである。

第1章
「ニュータウンにおける経験の地層と語りの実践」、野上元／小林多寿子編著『歴史と向きあう社会学――資料・表象・経験』所収、ミネルヴァ書房、二〇一五年
第2章
「ニュータウンの成立と地域社会――多摩ニュータウンにおける「開発の受容」をめぐって」、大門正克／大槻奈巳／岡田知弘／佐藤隆／進藤兵／高岡裕之／柳沢遊編『過熱と揺らぎ』(「高度成長

の時代」第二巻）所収、大月書店、二〇一〇年

「住宅地の拡大と大規模ニュータウンの開発」、八王子市市史編集委員会編『新八王子市史 通史編6 近現代下』所収、八王子市、二〇一七年

第3章

「多摩ニュータウンという暮らしの実験」、新谷尚紀／関沢まゆみ編『国立歴史民俗博物館研究報告』第百七十一集所収、国立歴史民俗博物館、二〇一一年

第4章

「郊外における人口移動と居住地選択プロセス――人口移動研究の学際的アプローチを中心に」、松田睦彦編『国立歴史民俗博物館研究報告』第百九十九集所収、国立歴史民俗博物館、二〇一五年

第5章

「多摩ニュータウンにおける「伝統」と記憶の断層」『日本都市社会学会年報』第二十七号、日本都市社会学会、二〇〇九年

「多摩ニュータウンにおける「伝統」と地域の紐帯――失われた獅子舞と神社再建をめぐって」「民具マンスリー」第三十七巻第三号、神奈川大学日本常民文化研究所、二〇〇四年

「多摩ニュータウンにおける語りとその断層」「口承文芸研究」第三十五号、日本口承文芸学会、二〇一二年

初出一覧の掲載誌（書）を見てもわかるとおり、歴史学、社会学、民俗学など、複数の学問分野

にまたがっている。それぞれの学問分野の特性を意識しながら書き分けたつもりだが、その学際性が本書の特徴の一つといえるかもしれない。したがって、学問領域的な一貫性は弱いかもしれないが、その評価は読者に委ねるしかない。

また本書は、私がこれまでフィールドとしてきた多摩ニュータウンの事例を中心に構成している。その意味で、本書はニュータウンの普遍性にフォーカスしたわけではなく、そのうちの一事例を扱ったにすぎないということでもある。今後、多摩ニュータウン以外のニュータウンで、同じように、単なる開発史でもなく、また「武勇伝の語り」でもない地域の歴史を具体的に紡いでいくことができれば、より立体的な「ニュータウンの社会史」が生まれるにちがいない。これからの課題としたい。

ニュータウンと関わるようになって、多くの人との出会いがあった。それがいまも私の財産となっている。特に大きな影響を受けたのが、勝村誠さん（立命館大学）と若林幹夫さん（早稲田大学）だった。勝村さんは、私のパルテノン多摩在職時に多摩市史編さん室におられ、地域社会に軸足を置いた調査への姿勢には大いに感銘を受けた。本書も勝村さんの研究成果に多くを負っている。若林さんは、都市社会学者として「郊外」を対象とした精緻な研究をされているが、研究対象への距離感や人々の営みへの目配りなど、私のニュータウン観を大きく変えていく一つのきっかけを与えてくださった。

峰岸松三さん（故人）、濱田康子さん、大石武朗さん、菊池恵子さん、本田三千代さんには特にお世話になった。峰岸さんには本書を直接お渡ししたかったが、間に合わなかったことが心残りでならない。そのほか、一人ひとりお名前を出すことはできないが、これまでに出会った多摩ニュータウンに居住される多くの方々との交流や対話から、本当に多くのことを学ぶことができた。また、発表の機会を与えてくださった日本都市社会学会、関東社会学会、日本口承文芸学会、国立歴史民俗博物館の関係者の方々にもお礼を申し上げたい。パルテノン多摩で一緒に働いた元同僚の橋場万里子さん、仙仁径さん、乾賢太郎さん（現・大田区立郷土博物館）にも感謝している。優秀な後輩たちが現在のパルテノン多摩を支えていて心強く思う。

最後に、青弓社の矢野恵二さんには前著『博物館の政治学』（〔青弓社ライブラリー〕、青弓社、二〇〇一年）から引き続きお世話になった。的確なコメント（ダメ出し）で何度か心が折れそうになったが、厳しくかつ温かい目で見守ってくださり、何とか書き終えることができた。再び青弓社ライブラリーから出せることを心から光栄に思っている。

二〇一七年九月

金子 淳

[著者略歴]
金子 淳（かねこ あつし）
1970年、東京都生まれ
東京学芸大学大学院教育学研究科修了
多摩市文化振興財団（パルテノン多摩）学芸員、静岡大学准教授を経て桜美林大学教授
著書に『博物館の政治学』（青弓社）、共著に『歴史と向きあう社会学――資料・表象・経験』『よくわかる都市社会学』（ともにミネルヴァ書房）、『過熱と揺らぎ』（大月書店）、『東京スタディーズ』（紀伊國屋書店）ほか

青弓社ライブラリー90

ニュータウンの社会史（しゃかいし）

発行―――2017年11月28日　第1刷
　　　　　2022年 6 月20日　第3刷
定価―――1600円＋税
著者―――金子 淳
発行者――矢野恵二
発行所――株式会社青弓社
　　　　　〒162-0801 東京都新宿区山吹町337
　　　　　電話 03-3268-0381（代）
　　　　　http://www.seikyusha.co.jp
印刷所――三松堂
製本所――三松堂

ISBN978-4-7872-3427-8 C0336